大学生毕业设计指南丛书

电气工程专业毕业设计指南

电力系统分册

（第二版）

主　编　陈　跃

副主编　毛晓桦

　　　　贾云浪

中国水利水电出版社
www.waterpub.com.cn

内 容 提 要

本书主要介绍了电力系统规划设计的基础知识，包括设计原则、设计步骤和设计方法等，同时还利用 MATLAB 软件工具介绍了计算机在电力系统设计中的应用，并给出了电力系统设计中常用电气设备的技术数据和经济资料。

本书共分八章：第一章为电气工程专业毕业设计概述；第二章为电力系统的基本计算；第三章为电力系统的规划设计；第四章为电气主接线的设计；第五章为导体和电气设备的选择与设计；第六章为继电保护及防雷的设计和规划；第七章为电力系统计算程序的实现；第八章为典型的电力系统毕业设计。

本书系《大学生毕业设计指南丛书》之一的《电气工程专业毕业设计指南·电力系统分册》，是专门供电力专业的本、专科学生做课程设计和毕业设计时使用，也可作为电力专业教师和从事电力设计、运行、管理等方面的工作人员的参考资料。

图书在版编目（CIP）数据

电气工程专业毕业设计指南．电力系统分册/陈跃主
编．—2版．—北京：中国水利水电出版社，2008（2025.2重印）.
　（大学生毕业设计指南丛书）
　ISBN 978 - 7 - 5084 - 5256 - 2

　Ⅰ．电…　Ⅱ．陈…　Ⅲ．①电气工程—毕业设计—高等学
校—教学参考资料②电力系统—毕业设计—高等学校—
教学参考资料　Ⅳ．TM

中国版本图书馆 CIP 数据核字（2008）第 005650 号

书　　名	大学生毕业设计指南丛书 电气工程专业毕业设计指南　**电力系统分册**（第二版）
作　　者	陈跃　主编
出版发行	中国水利水电出版社 （北京市海淀区玉渊潭南路 1 号 D 座　100038） 网址：www.waterpub.com.cn E - mail：sales@mwr.gov.cn 电话：（010）68545888（营销中心）
经　　售	北京科水图书销售有限公司 电话：（010）68545874、63202643 全国各地新华书店和相关出版物销售网点
排　　版	中国水利水电出版社微机排版中心
印　　刷	天津嘉恒印务有限公司
规　　格	184mm×260mm　16 开本　12.5 印张　296 千字
版　　次	2003 年 8 月第 1 版 2008 年 2 月第 2 版　2025 年 2 月第 17 次印刷
印　　数	53101—54100 册
定　　价	**40.00 元**

第 二 版 前 言

本书是《电气工程专业毕业设计指南·电力系统分册》的第二版。为使内容能更好地适应教学目的并符合电力工业的发展，第二版在保持原有体系的前提下，除了进行了一些必要的文字修改外，对书中涉及的设计规范、技术规程根据实际情况进行了更新；对书中所提供的技术数据根据实际变化进行了调整和补充。特别是对书中介绍的典型设计内容进行了重新选取，以期更加便于广大读者对设计方法的掌握。

参加本书修订工作的有陈跃、毛晓桦和贾云浪，全书由陈跃统稿。

本书在修订中所作的一些变动及尝试，真诚地希望得到广大读者的一如既往的关爱，对书中存在的不足和错误，恳请予以批评指正。

编 者

2008 年 1 月

第 一 版 前 言

电力已成为人类历史发展的主要动力资源，要科学合理地驾驭电力，必须从电力工程的设计原则和方法上来理解和掌握其精髓，提高电力系统的安全可靠性和运行效率，从而达到降低生产成本、提高经济效益的目的。

众所周知，毕业设计是大学的最后一个教学环节。通过毕业设计既可以巩固学生在学校学过的理论知识，又可以培养学生运用所学知识分析和解决工程实际问题的综合能力；为学生走出校门后尽快适应工作岗位的要求，起到桥梁和纽带作用。

正是出于这个目的，本书在内容安排上给予了充分的考虑。主要介绍了电力系统规划设计的基本知识，包括设计原则、设计步骤和计算方法等；并利用当前国际上最流行的、具有强大数值计算功能和图形功能的科学与工程计算软件工具——MATLAB，介绍了计算机在电力系统设计中的应用。这些将使学生了解并掌握工程设计的要求、过程和方法，能为学生毕业后在短时间内适应将从事的电力系统设计、运行、管理以及设备制造等工作提供有益的帮助。

本书第二章、第三章和第四章由毛晓桦同志编写；第七章、第八章以及附录由贾云浪同志编写和整理；其余部分由陈跃同志编写。全书由陈跃同志主编。

本书在编写过程中，得到南京工程学院电力系领导的关心和电力教研室教师们的支持，尤其是韩笑、李庆洋两位同志提出了宝贵的建议并提供了许多技术数据，给了我们很大的帮助，在此一并表示感谢。

鉴于时间和水平的限制，书中难免出现错误和不妥之处，敬请读者批评指正。

编 者

2003 年 5 月

目　　录

第一章　电气工程专业毕业设计概述

第一节　毕业设计的目的、要求及总体原则

一、毕业设计的目的和要求

毕业设计（论文）是学生在校期间最后一个重要的综合性实践教学环节，是学生全面运用所学基础理论、专业知识和基本技能，对实际问题进行设计（或研究）的综合性训练。通过毕业设计，可以培养学生运用所学知识解决实际问题的能力和创新精神，增强工程观念，以便更好地适应工作的需要。

通过毕业设计应达到下列要求：

（1）熟悉国家能源开发的方针政策和有关技术规程、规定、导则等，树立工程设计必须安全、可靠、经济的观点。

（2）巩固并充实所学基本理论和专业知识，能够灵活应用，解决实际问题。

（3）初步掌握电气工程专业工程的设计流程和方法，独立完成工程设计、工程计算、工程绘图、编写工程技术文件等相关设计任务，并能通过答辩。

（4）培养严肃认真、实事求是和刻苦钻研的工作作风。

二、毕业设计的总体原则

毕业设计除了不要编制设计任务书之外（编制设计任务书一般由指导教师承担），其他均需按设计工作的程序进行。包括设计构思、方案的论证、计算分析、绘制工程图、编制毕业设计说明书和计算书，最后完成答辩。这是一项艰苦的、创造性的理论联系实际的劳动过程。毕业设计作为一项系统工程来说，有其总体的原则和要求。

1. 科学性原则

毕业设计的内容要体现出当前电力系统科学技术的发展水平。随着电力系统的发展，新技术、新设备在电力系统得到广泛应用，新的设计理念也不断地涌现，而电力系统的发展同时也出现了许多新的技术问题。我们在设计过程中要立足于应用所学基本理论和专业知识，大胆地运用新理论、新技术去分析解决实际问题。

2. 可行性原则

可行性包括两个方面。一方面，设计者一开始就必须想到如何使自己的创造性劳动变成可行的设计方案。应紧密结合当前电力系统的发展趋势，结合当地电网、发电厂、供电局的实际情况选择毕业设计内容并尽可能寻找出最优、最经济的设计方案。设计不应该单纯追求技术指标，不应脱离实际工程技术水平，不应进行理想化的设计。同时要注意设计方案不应与国家的政策法规及电力系统的有关技术规范相违背。另一方面，指导教师应针对不同层次学生的专业基础和实际水平，拟定可行的设计要求。对普通学生应立足于掌握设计技能，完成基本设计任务；对高水平学生可增加设计的深度和难度。

3. 创新性原则

在毕业设计中，创新性原则一方面体现在设计中教师要培养学生的创新精神，提倡创新精神与科学态度相结合，鼓励学生大胆提出新的设计方案和技术措施，学生要锻炼自主学习的能力、独立工作的能力，设计中应有团队协作精神；另一方面体现在设计内容、设计手段的创新，设计内容必须有一定的新颖性，设计手段上应利用诸如计算机等先进工具进行辅助设计。

第二节　毕业设计的准备和实施

一、毕业设计的准备工作

1. 毕业设计题目的确立

毕业设计题目一般在毕业设计前一学期，根据专业具体培养方向确立多个题目类型，并由各指导教师提出具体毕业设计（论文）题目，也可根据工程需要由指导教师与学生商定。

题目类型主要有：

（1）综合训练型题目。电力网的规划设计和发电厂、变电所电气一次部分的初步设计。

（2）专题设计型题目。电力系统的无功功率优化；电力系统潮流计算、短路电流计算、电力系统的稳定计算等计算程序有关内容的编制。

（3）科研、创新型题目。电力系统的运行、管理及技术改革方面的专题研究。

设计题目选定后，以《毕业设计任务书》的形式落实到人，《毕业设计任务书》一般由指导设计的专业教研室制订，由指导教师编写，经教研室主任和系主任审批后发给学生，其内容一般包括：

1）学院、系（部）、专业名称、学生姓名。

2）毕业设计的题目。

3）毕业设计的目的要求。

4）毕业设计的主要内容，包括研究专题及技术要求等。

5）毕业设计的原始数据、资料。

6）对说明书内容的要求、对设计图纸的要求、对计算书的要求。

7）指导教师姓名。

8）主要参考文献。

毕业设计（论文）题目一般在毕业设计（论文）开始前一学期末，以《毕业设计任务书》的形式发给学生，以便有充分的时间做好课题的准备工作。

2. 毕业设计资料的收集

学生在接到《毕业设计任务书》之后，要认真阅读，并根据相关设计指导书，全面了解整个设计的目的、内容和基本要求，进行设计的资料准备。

资料准备主要通过查阅（包括上网查阅）文献资料、参加生产实习、外出调研等渠道进行。学生在进入专业课学习时，就要根据自己兴趣、爱好、特长以及客观条件，考虑自己毕业设计的选题方向，有目的、有计划地查阅和收集与选题方向有关的文献资料，特别是在参加生产实习的过程中有意识地收集生产过程及新技术、新设备、改革新成果的应用等方面资料，这也是为毕业设计课题搜集资料的最重要途径。选定题目后，应再次针对性地查阅一些资料，最后对所有收集的资料进行整理。

发电厂、变电所一次部分的毕业设计所需参考的部分标准，见表1-1，根据设计内容的不同及今后技术的发展趋势，标准也在不断地更新并与国际标准接轨。在毕业设计时，应

表 1-1   毕业设计需参考的部分标准

名　　称	标准代号	批准单位	备　注
电力系统电压和无功电力技术导则（试行）	SD 325—89		行业标准
电力系统电压和无功电力管理条例		能源部	〔1988〕18号
电力系统电压质量和无功电力管理规定（试行）		能源部	〔1993〕218号
220～500kV 变电所设计技术规程	SDJ 2—88	能源部	行业标准
35～110kV 变电所设计规范	GB 50059—92		国家标准
3～110kV 无人值班变电所设计规程	DL/T 5103—1999	经贸委	行业标准
并联电容器装置设计规范	GB 50227—95		国家标准
电力工程电缆设计规范	GB 50217—94		国家标准
继电保护和安全自动装置技术规程	GB 14285—93		国家标准
建筑物防雷设计规范	GB 50057—94		国家标准
交流电气装置的过电压保护和绝缘配合	DL/T 620—1997	经贸委	行业标准
火力发电厂、变电所二次接线设计技术规定	DL/T 5136—2001	经贸委	行业标准
水力发电厂二次接线设计规范	DL/T 5132—2001	经贸委	行业标准
火力发电厂设计技术规程	DL 5000—94	电力部	行业标准
小型火力发电厂设计规范	GBJ 49—83		国家标准
电力系统设计技术规程（试行）	SDJ 161—85	能源部	行业标准
220～500kV 电网继电保护装置运行整定规程	DL/T 559—94	电力部	行业标准
3～110kV 电网继电保护装置运行整定规程	DL/T 584—95	电力部	行业标准
火力发电厂厂用电设计技术规定	DL/T 5153—2002	经贸委	行业标准
220kV～500kV 变电所所用电设计技术规程	DL/T 5155—2002	经贸委	行业标准
电业安全工作规程（发电厂和变电所电气部分）	DL 408—91	能源部	行业标准
电气图用图形符号（总则）、电气简图用图形符号	GB/T 4728.1～13		国家标准
电气技术中的文字符号制订通则	GB/T 7159—1987		国家标准
电气系统说明书用简图的编制	GB/T 7356—1987		国家标准

尽量参照最新的标准，同时，在使用标准的过程中，要注意强制性标准与推荐性标准（标准代号中有"T"的属于推荐性标准）的区别，要严格执行强制性标准。标准的推广有一个较长的过程，某些设计标准、制图标准、图形符号、文字标号等在未完全执行新标准之前，我们应该对新、旧标准都有所了解，以便于我们更快更好地适应实际工作。

可供毕业设计参考的资料主要有：

（1）有关电力系统及工程设计的教材，毕业设计论文完成工具方面如 Office、Auto-CAD 等书籍。

（2）与设计有关的一次设备（如断路器、隔离开关）和二次设备（如继电保护、自动装置）的产品说明书、相关图纸。

（3）毕业设计中要用到的参考书（如计算机 C＋＋语言、VB 程序编写；Flash、网页的制作方法；智能检测理论等）。

（4）相关专业学术期刊的有关论文及从互联网上下载的参考资料。

3．按照设计任务书拟订进度计划

在毕业设计开始前，由指导教师指导学生拟定详细的毕业设计进度计划，内容包括毕业设计起止日期、各设计阶段的起止日期及详细工作内容等。

二、毕业设计的实施

（一）毕业设计实施过程

毕业设计的实施过程主要包括：

（1）学生拟定初步设计方案并经指导教师批准通过。

（2）学生根据设计方案，逐一完成设计内容，教师定期进行具体指导。

（3）学生撰写毕业论文（毕业设计说明书）初稿、绘制相应设计图；教师进行审阅；指出不足，指导学生进行修改。

（4）学生撰写毕业论文（毕业设计说明书）正稿、绘制相应设计图，誊写（打印）毕业论文（毕业设计说明书）。

毕业设计既不同于平时的课堂教学，也不同于以巩固局部专业理论知识为主的课程设计。一方面它具有工程设计的性质，题目和内容所涉及的知识面较广；另一方面又是一个教学环节，必须在教师的指导下，通过设计工作的实践，达到预定的各项教学目的。除了恰当规定毕业设计的内容，制订严密的计划外，提高毕业设计质量的关键在于充分调动和发挥学生的主观能动性，在教师的指导下，根据各阶段的特点和规律，制定相应的措施。

在设计的开始阶段，学生情绪一般比较高，但面对大量的资料和繁重的任务书，感到陌生，无从下手，甚至产生急躁情绪，这是很自然的现象。而这正是每个学生在毕业设计中要解决的问题。在这一阶段，指导教师要对学生进行具体的帮助，使学生理解设计的内容要求，掌握分析思考问题的方法。通过分析解决某一具体问题让学生对设计有初步认识。在这一过程中要注意培养学生通过查阅资料来解决问题的能力。

在毕业设计中期，出现的主要问题是由于学生运用所学知识解决实际工程设计问题的能力不够强，学生无论从理论知识、生产运行经验、还是独立工作能力都存在许多不足之处，造成设计任务与学生的能力之间存在一定的差距。普遍出现的现象是学生生搬硬套教科书的内容，对实际资料缺乏研究分析，不善于运用综合分析能力确定设计方案，主观性较强。这一阶段中指导教师尤其要重视对学生进行具体帮助，使学生在教师对具体问题的解答中得到启发。

毕业设计的后期，主要出现的问题是由于设计时间较短，某些同学出现了赶时间的现象，对设计内容、设计说明书、设计图纸产生不应有的草率了事的思想。这一阶段指导教师应严格要求，一丝不苟，以保证毕业设计质量。应鼓励学生利用计算机进行设计、计算、绘图，以提高效率和质量。

（二）毕业论文（毕业设计说明书）的撰写

1. 毕业论文（毕业设计说明书）的构成

一篇完整的毕业论文（毕业设计说明书）通常由题名（标题）、摘要、目录、前言、正文、结论、结束语、参考文献和附录等几部分构成。

2. 毕业论文的撰写方法

常见的是逐步予以展开的方法。一般有以下步骤：

（1）对设计题目进行分析。通过分析让读者对该课题的来龙去脉有所了解，对于工程性课题，首先对需求进行分析，概要地勾画出一个解决此问题的设想。在此基础上，具体明确本人所承担的任务，并写出设计结束时应达到的目标。同时论证设计方案在理论、技术和经济上的可行性。

（2）阐述设计方案的具体实现方法。这是毕业设计（论文）的主要部分，是对本人在完成毕业设计过程中所做工作的陈述。

文章结构一般采用自上而下的形式，从整体设计到各部分设计依次一一展开，也可以由下而上，先介绍局部设计最后给出全貌。无论采用何种结构，都要突出论文的重点、难点问题的解决方案。

（3）写法上应突出实际成果，如：某电压等级变电所一次系统初步设计、某新建发电厂的接入系统设计。

（4）给出结论和评价。

3. 毕业论文（毕业设计说明书）的撰写步骤

大体上分为拟写提纲、写成初稿、修改定稿和誊写等四步。

（1）拟写提纲。毕业论文（设计说明书）的篇幅较长，内容比较复杂，动笔写作时有必要先拟一个文字提纲。按提纲写稿子的好处是可以帮助作者系统全面地考虑课题的内容，并依据提纲有效的组织相关材料。

所拟提纲要项目齐全，能初步构成文章的轮廓；要从全局着眼，权衡好各个部分；要征求指导老师的意见，注意多加修改。要边写边积极思索，不断开拓自己的思路，以取得较满意的结果。

（2）写成初稿。毕业论文初稿的写作是很艰苦的工作阶段，在执笔时应注意下面几点要求：

要尽可能地把自己事先想到的内容写进去。初稿的内容应尽量充分丰富，以便为修改定稿提供便利。当然，也要防止一味地堆砌，写成一个材料仓库。

要合乎文体。文句力求精练简明，深入浅出，通顺易读。避免采用不符合语法的口头语言，也要避免采用科技新闻报道式的文体。初稿最好使用页面字数不太多、四周有足够空余处的稿纸，以利于增加、删除和改动。

（3）修改定稿。毕业设计论文要经过反复修改，使之臻于完善。对于初次撰写毕业论文和设计说明书的大学生，就更应注意对文章的精心修改。修改的范围在内容上包括修改观点、修改材料；在形式上包括修改结构、修改语言等。

（4）毕业论文（毕业设计说明书）的誊写（打印）。毕业设计论文（设计说明书）应按统一的规范要求誊写（打印），需注意的问题主要有以下几个方面：

1）应合理运用篇、章、节以使文章具有层次。

毕业设计论文（设计说明书）的篇、章、节等应有标题。书写方法可参照下列格式：

第 1 篇   ××××（居中书写）

第 1 章   ××××（居中书写）

1.1   ××××（居中书写）

1.1.1   ××××（顶格书写）

1.××××（空两格书写）

××××（正文）

（1）××××（空两格书写）

××××（正文）

a.××××（空两格书写）

（a）××××

2）应注意名词、名称的合理使用。毕业论文（设计）中的科学技术名词术语应采用全国自然科学名词审定委员会公布的名词或国家标准、部标准中编写的名称，尚未编定和叫法有争议的，可采用惯用的名称。

相同名词术语和物理量的符号应前后统一。不同物理量的符号应避免混淆。

使用外文缩写代替一名词术语时，首次出现的，应在括号内注明其含义，如 CPU（Central Processing Unit，中央处理器）。

国内工厂、机关、单位和名称应使用全称，不得简化，如不得把北京大学写成"北大"。

3）对公式的要求。公式应另起一行写在稿纸中央，一行写不完的长公式，最好在等号处转行，如做不到这一点，可在数学符号（如"＋"、"－"号）处转行。

公式的编号用圆括号括起，放在公式右边行末，在公式和编号之间不加虚线，公式可按全文统编序号，也可按章单独立序号，如（49）或（4.11），采用哪一种序号应和稿中的图序、表序编法一致。不应出现有些章里的公式编序号，有的不编序号的现象。子公式可不编序号，需要引用时可加编 a、b、c、…重复引用的公式不得另编新序号，公式序号必须连续，不得重复或跳缺。

文中引用某一公式时，写成"由式（16.20）可见"，而不写成"由 16.20 可见"，"由第 16.20 式可见"等。

将分数的分子和分母平列在一行而用斜线分开时，请注意避免含义不清，例如，a/bcosx 就会既可能被认为是 a/（bcosx），也可能被认为是（a/b）cosx。

公式中分数的横线要写清楚。连分数（即分子、分母也出现分数时）更要注意分线的长短，并把主要分数和等号对齐。

4）对表格的要求。表格必须与论文叙述有直接联系，不得出现与论文叙述脱节的表格。表格中的内容在技术上不得与正文矛盾。

每个表格都应有自己的标题和序号。标题应写在表格上方正中，序号写在其左方，不加标点，空一格接写标题，表题末尾不加标点。

全文的表格可以统一编序，也可以逐章单独编序。采用哪一种方式应和插图、公式的编序方式统一。表序必须连续，不得跳缺。正文中引用时，"表"字在前，序号在后，如写"表2"，而不写"第2表"或"2表"。

表格允许下页接写，接写时表题省略，表头应重复书写，并在右上方写"续表××"。多项大表可以分割成块，多页书写，接口处必须注明"接下页"，"接上页"、"接第×页"字样。

表格应写在离正文首次出现处最近的地方，不应超前和过分拖后。

5）对图的要求。毕业论文（设计）的插图必须精心制作，线条要匀洁美观。插图应与正文呼应，不得与正文无关或与正文脱节且应先见文后见图。图形符号、文字标号应符合相应的国家标准。图的内容安排要适当，不要过于密实。

每幅插图应有题目和序号，全文的插图可以统一编序，也可以逐章单独编序，如图45或图6.8；采取哪一种方式应和表格、公式的编序方式统一。图序必须连续，不得重复或跳缺。

由若干分图组成的插图，分图用a、b、c、…标序。分图的图名以及图中各种代号的意义，以图注形式写在图题下方，先写分图名，另起一行后写代号的意义。

6）对注释的要求。毕业论文中有个别名词或情况需要解释，而正文又无法处置时，可加注说明。注释应该采用页末注（即把注文放在加注处那一页稿纸的下端），而不用行中注（夹在正文中的注）或篇末注（把全部的注文集中在论文末）。

在同一页中有两个以上的注时，按各注出现的先后，顺序排列并编列注号，如1、2、3等。注释符号的顺序取稿纸当前一页为准计算，隔页时必须从头开始不得续接上页。注释只限于写在注释符号出现的同页，不得隔页。较长的注文应在抄写正文时妥善安排，当页写完。

7）参考文献的书写格式为：

源于期刊者：[序号] 作者姓名．文题．刊名或其缩写，出版年，卷（期）：起止页码

源于图书者：[序号] 作者姓名．书名．出版地．出版者，出版年：起止页码

源于会议论文：[序号] 作者姓名．题目名．文集名．出版者，出版年；页码

源于学位论文：[序号] 作者姓名．论文题目：[××××学位论文]．地点：单位，年

8）标点符号、量和单位、数字的使用应符合相应的国家标准。

（三）毕业设计图纸和计算书

1. 对毕业设计图纸的要求

图纸是工程师的语言，是工程设计的主要结果。绘图是一项重要的基本训练，学生必须通过毕业设计，使自己的制图能力有所提高，特别是要学会用计算机进行绘图。毕业设计的所有图纸要按工程图标准绘制，要求图面排列整齐、布置合理、清洁美观。

2. 对设计计算书的要求

在毕业设计中，如果涉及导体和设备的校验、系统优化计算、继电保护的整定计算等，则除要提供毕业论文、设计图纸外，还要求提供设计计算书。计算书如实记录设计中有关计算的方法和过程，它是校核审查的重要文件，其基本要求是：计算方法正确、参数取值合理，严格执行国家和行业现行的技术规范和标准；数据真实、可靠，公式选用合适，计算结果正确、可信，书写规范、工整。

第三节　毕业设计的评阅与答辩

一、毕业设计的评阅

毕业设计的评阅是毕业设计中的一个不可缺少的重要环节。学生在规定时间内完成毕业设计的任务后，将毕业设计的任务书、说明书、计算书及图纸交指导教师认可，然后由答辩委员会指定专门的教师进行评阅。

评阅教师主要根据以下几点进行评阅：

（1）对照毕业设计任务书的内容，检查学生是否按任务书的要求按时完成毕业设计任务书所规定的全部内容和工作量。

（2）学生的毕业设计图纸是否满足设计要求，是否达到相应初步设计阶段图纸深度的要求，设计图纸应能正确表达设计意图，符合国家制图标准及相关设计规范。

（3）毕业设计的计算书和说明书要求依据合理、数据可靠、文理通顺、书写工整、装订整齐。

评阅教师在评阅后，应针对毕业设计说明书、计算书及图纸中所出现的错误和存在问题以及相关的内容，向学生提出 2～3 个书面问题，让学生思考，由学生在毕业设计答辩会上进行回答。此外评阅教师在对毕业设计进行评阅后，应将评阅过程中发现的问题和错误，在答辩会上（或答辩会前）向学生指出，以帮助学生充分认识到毕业设计中的不足之处，加深对毕业设计的理解。

二、答辩的准备和程序

1. 答辩前的准备

（1）系（专业教研室）成立毕业答辩委员会和答辩小组，答辩委员会由教研室的专业教师担任，负责制定统一评分标准。答辩小组的任务是主持答辩工作，并确定学生的毕业设计成绩。每个答辩小组的成员不得少于 3 人，由一名有经验的教师担任组长。

（2）学生在答辩前，应在规定的时间提交毕业设计的全部成果，包括毕业设计任务书、毕业设计论文（毕业设计说明书）、设计图纸、计算书、实物等。

（3）评阅教师对每一位学生的毕业设计成果（主要是说明书、图纸、计算书）进行评阅，提出书面评阅意见和问题，供学生提前准备。

（4）答辩前学生应充分准备，最好能写出书面的答辩提纲，并作一定的物质准备（如调试机器、制作多媒体文件等）。

2. 答辩主要程序

（1）学生对设计或论文作扼要的介绍，时间一般在 10min 左右。

（2）答辩委员提出问题，学生回答。

（3）对于可演示的课题，答辩委员会可以要求学生在计算机房或在实验室对成果加以演示。

（4）学生退场。

（5）答辩委员根据评阅人的意见，指导老师的意见，学生在答辩会上的表现，通过讨论，给出评语及成绩。

（6）委员会就设计或论文是否通过，给学生以肯定的答复。

3. 答辩时的注意事项

（1）参加答辩前应作好诸如书写提纲、绘图或制幻灯片等准备工作。

（2）介绍内容时应突出表达自己的独到之处，估计老师已经知道的可加以忽略，以节约时间。

（3）听清楚老师提出的问题后再行回答；未听明白的，可以请老师复述一遍，免出差错。

（4）实事求是，不会的就说不会。但被误解时，一定要争辩。

（5）注意礼貌。

三、毕业设计成绩评定的参考标准

毕业设计（论文）的评分参考标准，见表 1－2；毕业设计（论文）的评分成绩单见表1－3。

表 1－2　　　　　　　　　毕业设计（论文）评分参考标准

序号	项目	评分等级	评 分 标 准
1	任务完成	优	能独立完成毕业设计课题所规定的各项任务
		良	大部分能独立完成毕业设计课题所规定各项任务
		中	基本上能独立完成毕业设计课题所规定的各项任务
		及格	在教师指导下，基本上能完成毕业设计课题所规定的各项任务
		不及格	未能完成毕业设计题目所规定的任务或抄袭他人成果者
2	工作能力	优	具有较强的综合、分析和解决问题的能力，能独立正确的工作
		良	具有一定的综合分析解决问题的能力，能独立工作
		中	分析问题与解决问题能力一般，尚能独立工作
		及格	分析问题与解决问题能力较弱，独立工作能力不够好
		不及格	分析问题与解决问题能力较差，工作依赖性大
3	成果质量	优	说明书完备，内容正确，概念清楚，简明扼要，条理分明，手迹端正，图纸正确，符合标准，图面清洁，计算正确，设计有独到之处或实际工程应用价值
		良	说明书完备，内容正确，概念清楚，文句通顺，字迹端正，图纸齐全，符合标准，计算正确
		中	说明书基本完备，概念比较清楚，字迹清楚，图纸较齐全，计算基本正确
		及格	说明书内容基本正确，书写工整，图纸齐备，基本符合标准，计算尚能正确
		不及格	说明书质量低劣，概念不清楚，计算有严重错误，图纸不全

序号	项目	评分等级	评 分 标 准
4	学习态度	优	学习认真踏实，态度端正，组织纪律好
		良	学习认真主动，态度较好，组织纪律较好
		中	学习尚认真主动，态度尚端正，组织纪律尚好
		及格	学习要求不高，态度一般，组织纪律一般
		不及格	学习马虎，态度较差，组织纪律差
5	答辩情况	优	介绍方案简明扼要，能正确全面回答所提问题，有一定的深广度
		良	介绍方案能表达设计内容，能正确回答所提问题
		中	介绍方案能表达设计内容，基本上能正确回答所提问题
		及格	介绍方案尚能表达设计内容，经启发，基本能正确回答所提问题
		不及格	介绍方案不能表达设计内容，经启发，仍不能正确回答所提问题

表 1-3　　　　　　　**毕业设计（论文）评分成绩单**

姓 名		班 级		专 业	
设计题目	① ② ③			指导老师	
序号	评 分 项 目			标准得分	实际得分
1	毕业设计课题任务完成情况				
2	毕业设计工作能力情况				
3	毕业设计成果质量				
4	学习态度和组织纪律				
5	答辩成绩				

指导教师
鉴定评语

指导教师：
日　期：

总成绩

答辩委员会
（组）评语
及评分

答辩委员会（组）
成 员 签 名：
日　期：

1. 评定为优秀毕业设计（毕业论文）参考标准

（1）能正确理解与综合运用所学专业理论与本专业有关的知识、技能。

（2）能密切联系电力系统实际；分析问题正确、全面，具有一定深度、广度。

（3）观点明确，中心突出。论据充足，数据可靠；层次分明，逻辑清楚，文笔流畅；论文、图纸或相关软件完整、合理。

（4）答辩中回答问题正确，重点突出。

2. 评定为不及格论文（设计）参考标准

（1）文章无中心，层次不清；主要论据失真，或论据、论点、结论不一致；资料残缺不全，或主要数据失真，加工整理较差；论文、图纸或相关软件结构不合理。

（2）答辩中回答问题与专业有关问题时多次远离提问要求，或有原则性错误，且经提示后不能更正。

（3）基本内容属抄袭他人成果。

评定为良好或中的论文（设计）评分标准可参照上述原则确定。

第二章　电力系统的基本计算

第一节　电力系统元件参数计算

一、线路参数计算

当线路电压为 110～220kV、架空电力线路长度为 100～300km、电缆电力线路不超过 100km 时，常用集中参数表示，其等值电路图多用 π 形等值电路，如图 2-1 所示。

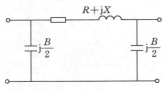

图 2-1　线路 π 形等值电路

一般 R、X、B 分别为线路的正序参数，在计算时电导常忽略不计。

电缆电力线路的参数一般从手册中查取或从试验中确定，而不必计算。

架空电力线路单位长度的参数计算见表 2-1。

架空线路单位长度参数值也可根据导线型号直接由手册或附录查出，在附表 4、附表 5 和附表 10 中分别列有 6kV 及以上架空线路和 6～35kV 电缆线路的电气参数，供参考。

表 2-1　　　　　　　　　架空线路单位长度的参数计算公式

	参 数 名 称	计 算 公 式	符 号 说 明
普通线路	电阻 r_1（Ω/km）	$r_1 = \dfrac{\rho}{S}$	ρ——导线的电阻率，$\Omega mm^2/km$，铝取 31.5；铜取 18.8； S——导线截面积，mm^2
	电抗 x_1（Ω/km）	$x_1 = 0.1445 \lg \dfrac{D_m}{r} + 0.0157$	D_m——三相导线几何均距； r——导线的计算半径，单位同 D_m
	电纳 b_1（s/km）	$b_1 = \dfrac{7.58}{\lg \dfrac{D_m}{r}} \times 10^{-6}$	
分裂导线	电阻 r_1（Ω/km）	$r_1 = \dfrac{\rho}{nS}$	n——分裂导线的根数
	电抗 x_1（Ω/km）	$x_1 = 0.1445 \lg \dfrac{D_m}{r_{eq}} + \dfrac{0.0157}{n}$	r_{eq}——分裂导线的等值半径，$r_{eq} = \sqrt[n]{r d_{12} d_{13} \cdots d_{1n}}$； d_{12}，d_{13}，$\cdots$，d_{1n}——分裂间距
	电纳 b_1（s/km）	$b_1 = \dfrac{7.58}{\lg \dfrac{D_m}{r_{eq}}} \times 10^{-6}$	

对于电力线路全长为 l（km）时，则其电阻 R 和电抗 X 以及电纳 B 的数值分别是：$R = r_1 l$（Ω）；$X = x_1 l$（Ω）；$B = b_1 l$（S）。

对于 35kV 及以下电压等级的架空线路，可不计线路电纳。

对架空电力线路长度超过 300km 和电缆电力线路超过 100km 时，则须考虑它们的分布参数特性。

二、变压器参数计算

1. 双绕组变压器

双绕组变压器的等值电路如图 2-2 所示。

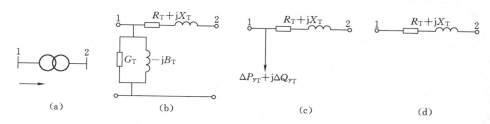

图 2-2　双绕组变压器的等值电路
(a) 双绕组变压器；(b) 带导纳支路的等值电路；(c) 用功率损耗表示导纳支路的等值电路；
(d) 略去导纳支路的等值电路

双绕组变压器参数计算见表 2-2 所示。

表 2-2　　　　　　　　　　双绕组变压器参数计算公式

参 数 名 称	计 算 公 式	符 号 说 明
绕组电阻（Ω）	$R_T = \dfrac{P_k U_N^2}{1000 S_N^2}$	P_k——绕组短路损耗，kW； U_N——变压器额定电压，kV； S_N——变压器额定容量，MVA
绕组电抗（Ω）	$X_T = \dfrac{U_k \% U_N^2}{100 S_N}$	$U_k \%$——绕组短路电压的百分数
励磁电导（S）	$G_T = \dfrac{P_0}{1000 U_N^2}$	P_0——变压器的空载损耗，kW
励磁电纳（S）	$B_T = \dfrac{I_0 \% S_N}{100 U_N^2}$	$I_0 \%$——变压器空载电流的百分数

变压器的励磁支路常以功率损耗 ΔP_{yT}、ΔQ_{yT} 表示，见图 2-2 (b)，当其单位取 MW 和 Mvar 时可用下式计算为

$$\Delta P_{yT} = \frac{P_0}{1000} \qquad\qquad (2-1)$$

$$\Delta Q_{yT} = \frac{I_0 \% S_N}{100} \qquad\qquad (2-2)$$

2. 三绕组变压器

三绕组变压器的等值电路如图 2-3 所示。习惯上用 1、2、3 绕组分别表示高、中、低压侧绕组。

三绕组变压器的参数计算公式与双绕组变压器同，可以套用。但由于三绕组变压器的短路试验是在两两绕组短接第三绕组开路的方式下进行的，所以要根据两两绕组的短路试验数据，先求出各个绕组的短路损耗、短路电压的数据，其计算见表 2-3。

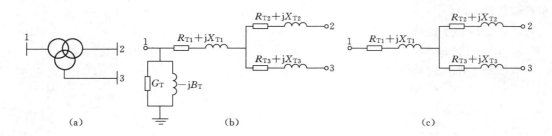

图 2-3 三绕组变压器的等值电路

(a) 三绕组变压器；(b) 带导纳支路的等值电路；(c) 略去导纳支路的等值电路

表 2-3   **各绕组短路参数计算公式**

参 数 名 称	计 算 公 式	符 号 说 明
1绕组短路损耗	$P_{k1}=\dfrac{1}{2}\left[P_{k(1-2)}+P_{k(1-3)}-P_{k(2-3)}\right]$	$P_{k(1-2)}$——1—2绕组间短路损耗；
2绕组短路损耗	$P_{k2}=\dfrac{1}{2}\left[P_{k(1-2)}+P_{k(2-3)}-P_{k(1-3)}\right]$	$P_{k(1-3)}$——1—3绕组间短路损耗；
3绕组短路损耗	$P_{k3}=\dfrac{1}{2}\left[P_{k(1-3)}+P_{k(2-3)}-P_{k(1-2)}\right]$	$P_{k(2-3)}$——2—3绕组间短路损耗
1绕组短路电压百分数	$U_{k1}\%=\dfrac{1}{2}\left[U_{k(1-2)}\%+U_{k(1-3)}\%-U_{k(2-3)}\%\right]$	$U_{k(1-2)}\%$——1—2绕组间短路电压百分数；
2绕组短路电压百分数	$U_{k2}\%=\dfrac{1}{2}\left[U_{k(1-2)}\%+U_{k(2-3)}\%-U_{k(1-3)}\%\right]$	$U_{k(1-3)}\%$——1—3绕组间短路电压百分数；
3绕组短路电压百分数	$U_{k3}\%=\dfrac{1}{2}\left[U_{k(1-3)}\%+U_{k(2-3)}\%-U_{k(1-2)}\%\right]$	$U_{k(2-3)}\%$——2—3绕组间短路电压百分数

根据求出的各绕组短路的数据，套用双绕组变压器求参数的公式可得

$$R_{T1}=\frac{P_{k1}U_N^2}{1000S_N^2},\quad R_{T2}=\frac{P_{k2}U_N^2}{1000S_N^2},\quad R_{T3}=\frac{P_{k3}U_N^2}{1000S_N^2} \tag{2-3}$$

$$X_{T1}=\frac{U_{k1}\%U_N^2}{100S_N},\quad X_{T2}=\frac{U_{k2}\%U_N^2}{100S_N},\quad X_{T3}=\frac{U_{k3}\%U_N^2}{100S_N} \tag{2-4}$$

三绕组变压器励磁导纳的求取与双绕组变压器完全相同。

需要注意的是，三绕组变压器的三个绕组容量有时会出现不相等的情况，我们把最大的绕组容量定义为变压器的额定容量。例如 i 绕组容量与变压器额定容量不等，则铭牌上给出的与 i 绕组相关的两个绕组间的短路损耗是对应于 i 绕组的容量，所以在进行表 2-3所示的计算之前，应将其归算成对应于变压器额定容量下的值。例如三绕组容量比为100/50/100 表示1、3绕组容量相等且为变压器额定容量，2绕组容量是变压器额定容量的 50%。这时铭牌上给出的 $P'_{k(1-2)}$，$P'_{k(2-3)}$ 应归算至 100% 额定容量下，计算式为

$$\begin{cases} P_{k(1-2)}=P'_{k(1-2)}\left(\dfrac{S_N}{S_{N2}}\right)^2=P'_{k(1-2)}\left(\dfrac{S_N}{0.5S_N}\right)^2=4P'_{k(1-2)} \\[3mm] P_{k(2-3)}=P'_{k(2-3)}\left(\dfrac{S_N}{S_{N2}}\right)^2=P'_{k(2-3)}\left(\dfrac{S_N}{0.5S_N}\right)^2=4P'_{k(2-3)} \end{cases} \tag{2-5}$$

而制造厂给出的短路电压的百分数常常已归算至变压器的额定容量。因此，当绕组容

量比不同时，三绕组变压器的短路电压百分数一般不需再归算。

3. 自耦变压器

由于自耦变压器为消除高次谐波，设有一个三角形接线的第三绕组，所以其等值电路与三绕组变压器同。但其参数计算与三绕组变压器略有差别，由于自耦变压器的第三绕组容量总是小于变压器的额定容量常为 $50\%S_N$，制造厂家给出的短路试验数据中，与3绕组相关的短路损耗 P_K 和短路电压的百分数 $U_K\%$ 均未归算至额定容量，所以两者均需归算，即

$$\begin{cases} P_{k(1-3)} = P'_{k(1-3)} \left(\dfrac{S_N}{S_{N3}}\right)^2 \\[4mm] P_{k(2-3)} = P'_{k(2-3)} \left(\dfrac{S_N}{S_{N3}}\right)^2 \end{cases} \qquad (2-6)$$

$$\begin{cases} U_{k(1-3)}\% = U'_{k(1-3)}\% \dfrac{S_N}{S_{N3}} \\[4mm] U_{k(2-3)}\% = U'_{k(2-3)}\% \dfrac{S_N}{S_{N3}} \end{cases} \qquad (2-7)$$

余下的参数计算与三绕组变压器同。

4. 分裂变压器

双绕组低压分裂变压器等值电路如图 2-4 所示。图中各参数的计算见表 2-4。

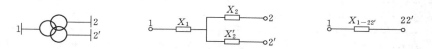

图 2-4　双绕组低压分裂变压器等值电路

表 2-4　　　　　双绕组低压分裂变压器参数计算公式

参 数 名 称	计 算 公 式	符 号 说 明
穿越电抗（Ω）	$x_{1-22'} = \dfrac{U_{1-22'}\%U_N^2}{100S_N}$	$U_{1-22'}\%$——穿越电抗电压的百分数
分裂电抗（Ω）	$x_{22'} = \dfrac{U_{22'}\%U_N^2}{100S_N}$	$U_{22'}\%$——分裂电抗电压的百分数
高压绕组等值电抗（Ω）	$x_1 = x_{1-22'} - \dfrac{x_{22'}}{4}$	
低压绕组等值电抗（Ω）	$x_2 = x'_2 = \dfrac{x_{22'}}{2}$	

三、其他元件参数计算及表示

1. 发电机和电抗器

发电机和电抗器的参数计算公式见表 2-5。

需说明的是，表示发电机的等值电抗 X_G 有：同步电抗 X_d、X_q，暂态电抗 X'_d，次暂态电抗 X''_d、X''_q，负序电抗 X_2 等。应根据计算目的或要求，取用不同的电抗。制造厂家提供的均是以发电机额定容量为基准的电抗百分数，所以需按表 2-5 所列出公式计算。

表 2−5   发电机和电抗器参数计算公式

参 数 名 称	计 算 公 式	符 号 说 明
发电机电抗（Ω）	$X_G = \dfrac{X_G\% U_N^2}{100 S_N}$	$X_G\%$——发电机电抗的百分数； U_N——发电机额定电压，kV； S_N——发电机额定容量，MVA
电抗器电抗（Ω）	$X_R = \dfrac{X_R\% U_N}{100\sqrt{3} I_N}$	$X_R\%$——电抗器电抗的百分数； U_N——电抗器的额定电压，kV； I_N——电抗器的额定电流，kA

2. 电力负荷的表示

电力负荷有多种表示方法，可用恒定功率或恒定电流表示，也可用恒定阻抗或恒定导纳表示。当需较为精确表示时，则用多项式或者负荷特性曲线形式表示。

当负荷用恒定阻抗或恒定导纳表示时，计算式见表 2−6。

表 2−6   电力负荷恒定阻抗、导纳表示方法的计算公式

参数名称	计 算 公 式	符 号 说 明
恒定阻抗（Ω）	$Z_D = \dfrac{U_D^2}{S_D^2}(P_D + jQ_D) = R_D + jX_D$	S_D——负荷功率，$S_D = P_D + jQ_D$，MVA； U_D——负荷的端电压，kV
恒定导纳（S）	$Y_D = \dfrac{1}{Z_D} = \dfrac{1}{U_D^2}(P_D - jQ_D) = G_D - jB_D$	

表 2−6 所示计算公式是以感性负荷为例，若为容性负荷，则计算式中所有的 j 符号前的"＋"、"－"号取相反号。

四、电力系统各元件参数的标幺值计算

1. 近似计算法

取 S_B 为基准容量，取各级电压的平均额定电压为基准电压 U_B，并认为变压器的变比为两侧平均额定电压之比，各元件的额定电压等于平均额定电压 U_{av}。依次计算出各元件参数的标幺值，即为近似计算值。

我国各级电力网的平均额定电压值 U_{av}，列于表 2−7。

表 2−7   我国电力网额定电压与平均额定电压

额定电压 U_N（kV）	3	6	10	35	60	110	220	330	500
平均额定电压 U_{av}（kV）	3.15	6.3	10.5	37	63	115	230	345	525

2. 精确计算法

取 S_B 为基准容量，确定基本级，并取 U_B 为该级的基准电压，变压器的变比取实际变比。从而各元件所在网络的基准电压 U'_B，可由基本级的基准电压 U_B 经变压器的实际变比归算而得。依此计算出各元件参数的标幺值，即为各元件参数的精确值。

两种方法的标幺值计算公式列于表 2−8。

由上述可见，标幺值的近似算法和精确算法的区别在于参数归算时是否采用变压器的实际变比。

表 2-8　　　　　　　　　　电力系统元件参数标幺值计算公式汇总

元件名称	近 似 计 算 法	精 确 计 算 法
发电机	$X_{G*} = \dfrac{X_G\%S_B}{100S_N}$	$X_{G*} = \dfrac{X_G\%U_N^2 S_B}{100U_B'^2 S_N}$
变压器	$R_{T*} = \dfrac{P_k S_B}{1000S_N^2}$,　　$X_{T*} = \dfrac{U_k\%S_B}{100S_N}$ $G_{T*} = \dfrac{P_0}{1000S_B}$,　　$B_{T*} = \dfrac{I_0\%S_N}{100S_B}$	$R_{T*} = \dfrac{P_k U_N^2 S_B}{1000U_B'^2 S_N^2}$,　　$X_{T*} = \dfrac{U_k\%U_N^2 S_B}{100U_B'^2 S_N}$ $G_{T*} = \dfrac{P_0 U_B'^2}{1000S_B U_N^2}$,　　$B_{T*} = \dfrac{I_0\%U_B'^2 S_N}{100U_N^2 S_B}$
线路	$R_{l*} = r_l l \dfrac{S_B}{U_{av}^2}$,　　$X_{l*} = x_l l \dfrac{S_B}{U_{av}^2}$ $B_{l*} = b_l l \dfrac{U_{av}^2}{S_B}$	$R_{l*} = r_l l \dfrac{S_B}{U_B'^2}$,　　$X_{l*} = x_l l \dfrac{S_B}{U_B'^2}$ $B_{l*} = b_l l \dfrac{U_B'^2}{S_B}$
电抗器	$X_{R*} = \dfrac{X_R\%S_B}{100\sqrt{3}I_N U_{av}}$	$X_{R*} = \dfrac{X_R\%U_N S_B}{100\sqrt{3}I_N U_B'^2}$
负荷	$R_{D*} = \dfrac{S_B}{S_D^2}P_D$,　　$X_{D*} = \dfrac{S_B}{S_D^2}Q_D$ $G_{D*} = \dfrac{P_D}{S_B}$,　　$B_{D*} = \dfrac{Q_D}{S_B}$	$R_{D*} = \dfrac{U_D^2 S_B}{U_B'^2 S_D^2}P_D$,　　$X_{D*} = \dfrac{U_D^2 S_B}{U_B'^2 S_D^2}Q_D$ $G_{D*} = \dfrac{U_B'^2 P_D}{U_D^2 S_B}$,　　$B_{D*} = \dfrac{U_B'^2 Q_D}{U_D^2 S_B}$

注　X_G—发电机的各种电抗;　*代表标幺值。

第二节 潮 流 计 算

一、潮流计算的目的

电力系统潮流计算是电力系统设计及运行时必不可少的基本计算。计算目的主要有:

(1) 在规划设计中,用于选择接线方式、电气设备以及导线截面。

(2) 在运行时,用于确定运行方式、制订检修计划、确定调整电压的措施。

(3) 提供继电保护、自动化操作的设计与整定的数据。

二、简单电力网潮流计算

(一) 功率损耗和电压降落计算

1. 功率损耗计算

当功率 $P_i + jQ_i$ 通过阻抗 $R + jX$ 时所产生的功率损耗 $\Delta \dot{S}$ 为

$$\Delta \dot{S} = \Delta P + j\Delta Q = \frac{P_i^2 + Q_i^2}{U_i^2}(R + jX) \tag{2-8}$$

在线路导纳支路中的功率损耗,由于略去电导损耗,因此只计及线路两端的充电功率,即

$$\Delta \dot{S}_{yi} = -j\Delta Q_{yi} = -j\frac{1}{2}B_L U_i^2 \tag{2-9}$$

式中　B_L——全线路电纳,S。

变压器导纳支路中的功率损耗为

$$\Delta \dot{S}_{yT} = \Delta P_{yT} + j\Delta Q_{yT} = \frac{P_0 U_i^2}{1000 U_N^2} + j\frac{I_0\% U_i^2}{100 U_N^2} S_N \tag{2-10}$$

式中　P_0——变压器空载损耗，kW；

$I_0\%$——变压器空载电流百分数；

U_N——变压器额定电压，kV；

S_N——变压器额定容量，kVA；

U_i——节点 i 的电压，简化计算时常取 $U_i = U_N$，kV。

一般将 $\Delta \dot{S}_{yT}$ 放在电源侧。

2. 电压降落计算

当功率 $P_i + jQ_i$ 通过阻抗 $R + jX$ 时，还会产生电压降落 $d\dot{U}$，其纵分量 ΔU 和横分量 δU 分别为

$$\Delta U_i = \frac{P_i R + Q_i X}{U_i} \tag{2-11}$$

$$\delta U_i = \frac{P_i X - Q_i R}{U_i} \tag{2-12}$$

式中　R、X——线路或变压器的电阻、电抗，Ω；

P_i——线路或变压器按潮流方向的始（末）端有功功率，MW；

Q_i——线路或变压器按潮流方向的始（末）端无功功率，Mvar；

U_i——线路或变压器按潮流方向的始（末）端电压、kV。

设 P_1、Q_1、U_1 均为始端数据，利用式（2-11）、式（2-12）可算出 ΔU_1 和 δU_1，则末端电压 U_2 为

$$\dot{U}_2 = U_1 - \Delta U_1 - j\delta U_1 \tag{2-13}$$

$$U_2 = \sqrt{(U_1 - \Delta U_1)^2 + (\delta U_1)^2} \tag{2-14}$$

$\dot{U}_1$ 与 $\dot{U}_2$ 的相角差称为功率角 δ，其值为

$$\delta = \text{tg}^{-1} \frac{\delta U_1}{U_1 - \Delta U_1} \tag{2-15}$$

若已知末端数据 P_2、Q_2、U_2，则可求得始端电压 U_1 为

$$\dot{U}_1 = U_2 + \Delta U_2 + j\delta U_2 \tag{2-16}$$

$$U_1 = \sqrt{(U_2 + \Delta U_{21})^2 + (\delta U_2)^2} \tag{2-17}$$

$$\delta = \text{tg}^{-1} \frac{\delta U_2}{U_2 + \Delta U_2} \tag{2-18}$$

可作出相量图，见图 2-5。

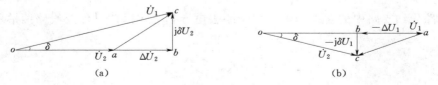

图 2-5　电力网阻抗环节的电压相量图

(a) 已知末端数据；(b) 已知始端数据

由上述可见，所谓电压降落就是始末端电压的相量差$(\dot{U}_1-\dot{U}_2)$，仍为相量。同时我们把始末端电压的数值差(U_1-U_2)称为电压损耗，在近似计算中可以认为电压损耗 $U_1-U_2\approx\Delta U_i$。

（二）运算功率和运算负荷

1. 运算功率

若电力系统内有几个电厂，一般规定其中一个发电厂作为主调频厂，其余电厂按调度部门预先制定的负荷曲线运行，称为基载厂。对这些按规定出力运行的基载厂，可将出力看成是带负号的负荷，用"运算功率"的概念进行电力网等值电路的简化。

发电厂的运算功率等于发电机出力减去厂用或地方负荷，再减去升压变压器阻抗与导纳中的功率损耗，再减去发电厂高压母线所连的所有线路充电功率的一半。

2. 运算负荷

在简化电力网的等值电路时，对降压变电所常采用"运算负荷"的概念。

降压变电所的运算负荷等于变电所低压母线负荷，加上变压器阻抗与导纳中功率损耗，再加上变电所高压母线所连的所有线路充电功率的一半。

（三）简单开式网的潮流计算

简单开式网络一般是指简单的放射网络，其潮流计算步骤的内容如下：

（1）按精确计算方法计算网络元件参数。其中：

1）有名制计算。按变压器实际变化，将网络元件参数归算至基本级的有名值。在实际当中往往取最高电压级为基本级。潮流计算常用有名制计算。

2）标幺值计算。按变压器实际变比，将网络元件参数化为标幺值计算。

（2）用电力线路的额定电压求变电所的运算负荷或发电厂的运算功率（对固定出力的发电厂）。

（3）作出等值网络图，并将元件参数标于图中。

（4）潮流计算。其中：

1）若已知负荷功率及该点处的电压，可由此逐段逐点推算出各线路功率损耗和电压降落，从而算出各支路功率和各点电压。

2）若给出的负荷功率和电压不是同一点的值，则应先假设所给负荷功率点处的电压，再推算出所给电压处的电压值。如这一推算出的电压值与给定电压值相差甚远，则需重新修正假设电压，直至求出的电压值与给定电压值接近，且认为满意为止。然后以此为基础，计算出全网的潮流分布。

但为计算简单起见，通常采用如下的计算方法：先假设全网电压为额定电压，逐段推算功率损耗，得出全网的功率分布；再从已知电压点处，根据该处由前面计算所得的功率逐段推算出电压降落，从而求出各点电压。

（四）两端供电网的潮流计算

两端供电网是指两个独立电源向用户或变电所供电的网络。环网可看成是两端电源电压相等的两端供电网。

两端供电网的潮流计算与开式网的潮流计算一样，首先要进行网络参数的计算、求出变电所的运算负荷以及固定出力发电厂的运算功率、做出等值网络图等步骤。然后进行潮流计算，其方法步骤如下：

1. 初步潮流分布计算

不计电网中功率损耗的潮流分布，称为初步潮流分布。

如图 2-6 所示。一个有 n 个负荷点的两端供电网，由电源 A、B 分别向电力网络供给功率，其计算公式为

$$\dot{S}_{A} = \frac{\sum\limits_{i=1}^{n} \overset{*}{Z}_{Ai}\dot{S}_{i}}{\overset{*}{Z}_{AB}} + \frac{(\overset{*}{U}_{A} - \overset{*}{U}_{B})}{\overset{*}{Z}_{AB}}U_{N} \qquad (2-19)$$

$$\dot{S}_{B} = \frac{\sum\limits_{i=1}^{n} \overset{*}{Z}_{iB}\dot{S}_{i}}{\overset{*}{Z}_{AB}} + \frac{(\overset{*}{U}_{B} - \overset{*}{U}_{A})}{\overset{*}{Z}_{AB}}U_{N} \qquad (2-20)$$

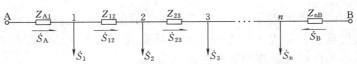

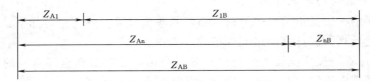

图 2-6　等值的两端供电网

由于式（2-19）、式（2-20）中功率、电压、阻抗都是复数，计算时要进行较繁的复数四则运算，故通常称之为复功率法。

如果两端供电网各段线路结构相同、导线截面相等，那么这种电力网称为均一网。这时 S_A、S_B 的计算式可简化为

$$\dot{S}_{A} = \frac{\sum\limits_{i=1}^{n} L_{Ai}\dot{S}_{i}}{L_{AB}} + \frac{(\overset{*}{U}_{A} - \overset{*}{U}_{B})}{\overset{*}{Z}_{AB}}U_{N} \qquad (2-21)$$

$$\dot{S}_{B} = \frac{\sum\limits_{i=1}^{n} L_{iB}\dot{S}_{i}}{L_{AB}} + \frac{(\overset{*}{U}_{B} - \overset{*}{U}_{A})}{\overset{*}{Z}_{AB}}U_{N} \qquad (2-22)$$

由于不计功率损耗，由图 2-6 所示的功率的假设流向，根据功率平衡原理可得出各线段初步功率分布为

$$\dot{S}_{12} = \dot{S}_{A} - \dot{S}_{1}$$

$$\dot{S}_{23} = \dot{S}_{12} - \dot{S}_{2}$$

$$\cdots$$

且

$$\dot{S}_{A} + \dot{S}_{B} = \sum\limits_{i=1}^{n} \dot{S}_{i}$$

2. 找出功率分点

根据初步潮流计算结果分析，发现某个节点所需的负荷功率是由两侧电源分别供给

的，则称该节点为功率分点，并以符号▼标注在该节点的上方。有功分布点与无功分布点可能重合，也可能不重合，若不重合时，有功分点用符号▼标注，无功分点用符号▽标注。功率分点往往是网络电压的最低点。

3. 最终潮流计算

在功率分点处将两端供电网拆成两个开式网络。当有功，无功分点不重合时，一般从无功分点处拆开。然后根据已知电压位置的不同，选用前述开式网潮流计算两种方法中与之情况相宜的一种，由功率分点向两侧电源逐段推算出功率损耗和电压降落，此时计算与开式网络完全相同。

当两端供电网由不同电压等级线路及变压器组成，则应采用归算至同一电压级下的阻抗进行上述计算。

（五）年电能损耗计算

常用的方法之一是利用最大负荷损耗时间 τ_{max} 求全年的电能损耗。其计算式为

$$\Delta A_Z = \Delta P_{max} \tau_{max} \tag{2-23}$$

式中　ΔP_{max}——最大负荷时线路或变压器绕组电阻上产生的功率损耗，kW；

　　　τ_{max}——最大负荷损耗时间，由表2-9查得。

表 2-9　　　　　　　　　　　　最大负荷损耗时间 τ_{max}

τ_{max} / T_{max} \ $\cos\varphi$	0.80	0.85	0.90	0.95	1.00	τ_{max} / T_{max} \ $\cos\varphi$	0.80	0.85	0.90	0.95	1.00
2000	1500	1200	1000	800	700	5500	4100	4000	3950	3750	3600
2500	1700	1500	1250	1100	950	6000	4650	4600	4500	4350	4200
3000	2000	1800	1600	1400	1250	6500	5250	5200	5100	5000	4850
3500	2350	2150	2000	1800	1600	7000	5950	5900	5800	5700	5600
4000	2750	2600	2400	2200	2000	7500	6650	6600	6550	6500	6400
4500	3150	3000	2900	2700	2500	8000	7400		7350		7250
5000	3600	3500	3400	3200	3000						

应当指出两点：

（1）当线路按式（2-23）计算年电能损耗时，没有计及线路的电晕损耗。由于一般线路（330kV及以上电压等级的除外）的电晕损耗不大，所以可以忽略不计。

（2）对变压器来说，年电能损耗应是绕组电阻的电能损耗与激磁电导产生的电能损耗之和。前者可按式（2-23）直接算出，后者则可近似取变压器空载损耗 P_0 与变压器年运行小时数 T 的乘积。所以变压器年电能损耗表达式为

$$\Delta A_T = \Delta A_{ZT} + P_0 T \tag{2-24}$$

第三节　调　压　计　算

一、变压器分接头的选择

由于通过改变变压器原付方绕组的匝数比可达到调节电压的作用，因此在双绕组变压器的高压侧和三绕组变压器的高、中压侧均有若干个分接头供选择使用。各类变压器分接头选择的计算方法分述如下。

1. 双绕组降压变压器

双绕组降压变压器的等值电路，可用其负载阻抗与理想变压器组成，如图 2-7 所示。

在图 2-7 中，将最大（最小）负荷时潮流计算得到的变压器高压侧电压 U_{1max}（U_{1min}），减去变压器绕组中的电压损失 ΔU_{1max}（ΔU_{1min}），得到最大（最小）负荷时变压器低压侧母线电压归算到高压侧的值 U'_{2max}（U'_{2min}），此值与变压器低压侧母线电压要求值 U_{2max}（U_{2min}）之比，即图中理想变压器 T 的变比。于是最大（最小）负荷时变压器高压侧分接头电压值为

$$U_{T1max} = (U_{1max} - \Delta U_{1max})\frac{U_{T2N}}{U_{2max}} = U'_{2max}\frac{U_{T2N}}{U_{2max}} \qquad (2-25)$$

$$U_{T1min} = (U_{1min} - \Delta U_{1min})\frac{U_{T2N}}{U_{2min}} = U'_{2min}\frac{U_{T2N}}{U_{2min}} \qquad (2-26)$$

若选用无励磁调压变压器，其固定分接开关应根据 U_{T1max} 与 U_{T1min} 的算术平均值 U_{T1} 选择，即

$$U_{T1} = \frac{1}{2}(U_{T1max} + U_{T1min}) \qquad (2-27)$$

根据计算结果选一个最靠近的标准分接开关位置。然后做低压侧母线在最大、最小负荷时电压变动范围的校验。若校验结果不满足要求，且又选不到一个合适的分接位置时，则选用有载调压变压器。

若选用有载调压变压器，应根据 U_{T1max} 及 U_{T1min} 分别选择最大、最小负荷时分接开关的合理位置。

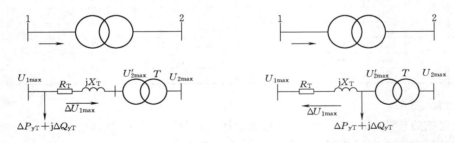

图 2-7　降压变压器的等值电路　　　　图 2-8　升压变压器的等值电路

2. 双绕组升压变压器

双绕组升压变压器的等值电路如图 2-8 所示。最大、最小负荷时，变压器高压侧分接开关的位置计算为

$$U_{T1max} = (U_{1max} + \Delta U_{1max})\frac{U_{T2N}}{U_{2max}} = U'_{2max}\frac{U_{T2N}}{U_{2max}} \qquad (2-28)$$

$$U_{T1min} = (U_{1min} + \Delta U_{1min})\frac{U_{T2N}}{U_{2min}} = U'_{2min}\frac{U_{T2N}}{U_{2min}} \qquad (2-29)$$

分接开关位置的选择、校验均与前同。

3. 三绕组变压器

上述双绕组变压器分接头选择的计算方法也适用于三绕组变压器，只不过这时要对高、中压侧的分接开关位置分两次逐次选择。根据电源所在位置的不同，计算步骤为：

（1）高压侧有电源的三绕组降压变压器。首先根据低压母线对电压的要求值，选择高压侧绕组的分接开关位置；然后再根据中压侧所要求的电压与选定的高压绕组的分接开关位置来确定中压侧的分接开关位置。

（2）低压侧有电源的三绕组升压变压器。高、中压侧的分接开关位置可根据高、中压侧的电压和低压侧电源的电压情况分别进行选择，不必考虑高、中压侧之间的影响，即可视为两台双绕组升压变压器。

二、改变网络中的无功功率分布

当电力系统无功电源不足时，需要在适当的地点对所缺无功进行补偿，这样也就改变了电力网中的无功功率分布。当在负荷点装设了无功补偿容量，如图 2-9 所示，可以减少电力线路上的功率损耗和电压损耗，从而提高了该负荷点的电压。为了调整节点电压而设置的无功补偿容量要和变压器调压结合起来考虑。

1. 装设并联电容器

由于并联电容器只能发出无功功率来提高节点电压，而不能吸收无功功率来降低电压，故在轻负荷时应将其部分或全部切除。在选择并联电容器容量应分两步考虑。

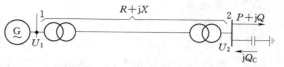

图 2-9 具有无功补偿的系统

（1）按最小负荷无补偿选择变压器的分接开关位置计算为

$$U_{\mathrm{T1min}} = U'_{\mathrm{2min}} \frac{U_{\mathrm{T2N}}}{U_{\mathrm{2min}}} \qquad (2-30)$$

选一个与 U_{T1min} 最接近的标准分接开关位置 U_{T1}，则变比 $K = U_{\mathrm{T1}}/U_{\mathrm{T2N}}$。

（2）按最大负荷全补偿确定并联电容器容量为

$$Q_{\mathrm{C}} = \frac{U_{\mathrm{2max}}K}{X_{\Sigma}}(U_{\mathrm{2max}}K - U'_{\mathrm{2max}}) \qquad (2-31)$$

2. 选用同步调相机

同步调相机在最大负荷时可过激运行发出感性无功功率，使电压升高；在最小负荷时又可欠激运行吸收感性无功功率，使电压降低。通常认为欠激运行时的容量是过激运行时额定容量的一半。故可写出

$$Q_{\mathrm{C}} = \frac{U_{\mathrm{2max}}K}{X_{\Sigma}}(U_{\mathrm{2max}}K - U'_{\mathrm{2max}}) \qquad (2-32)$$

$$-\frac{1}{2}Q_{\mathrm{C}} = \frac{U_{\mathrm{2min}}K}{X_{\Sigma}}(U_{\mathrm{2min}}K - U'_{\mathrm{2min}}) \qquad (2-33)$$

式（2-32）、式（2-33）相除，经整理可得

$$K = \frac{U_{\mathrm{2max}}U'_{\mathrm{2max}} + 2U_{\mathrm{2min}}U'_{\mathrm{2min}}}{U_{\mathrm{2max}}^2 + 2U_{\mathrm{2min}}^2} \qquad (2-34)$$

按求出的变比 K 计算分接开关位置的电压值 $U_{\mathrm{T}} = KU_{\mathrm{T2N}}$，然后选定标准分接开关位置 U_{T1}，实际的变比为 $K = U_{\mathrm{T1}}/U_{\mathrm{T2N}}$ 代入式（2-32），即可求出需要的调相机的容量。再根据产品目录选出与之相近的标准调相机。

调压计算中的串联电容补偿计算这儿不作介绍，如若需要请参阅有关书籍。

第四节　短路电流的计算

一、短路电流计算的目的、规定和步骤

（一）短路电流计算的主要目的

（1）电气主接线的比较与选择。

（2）选择断路器等电气设备，或对这些设备提出技术要求。

（3）为继电保护的设计以及调试提供依据。

（4）评价并确定网络方案，研究限制短路电流的措施。

（5）分析计算送电线路对通讯设施的影响。

（二）短路电流计算一般规定

1. 计算的基本情况

（1）电力系统中所有电源均在额定负荷下运行。

（2）所有同步电机都具有自动调整励磁装置（包括强行励磁）。

（3）短路发生在短路电流为最大值的瞬间。

（4）所有电源的电动势相位角相同。

（5）应考虑对短路电流值有影响的所有元件，但不考虑短路点的电弧电阻。对异步电动机的作用，仅在确定短路电流冲击值和最大全电流有效值时才予以考虑。

2. 接线方式

计算短路电流所用的接线方式，应是可能发生最大短路电流的正常接线方式（即最大运行方式），而不能用仅在切换过程中可能并列运行的接线方式。

3. 计算容量

应按工程设计的规划容量计算，并考虑电力系统的远景发展规划，一般取工程建成后的 5~10 年。

4. 短路种类

一般按三相短路计算。若发电机出口的两相短路，或中性点直接接地系统及自耦变压器等回路中的单相、两相接地短路较三相短路情况严重时，则应按严重情况进行校验。

5. 短路计算点

在正常接线方式时，通过设备的短路电流为最大的地点，称为短路计算点。

对于带电抗器的 6~10kV 出线与厂用分支线回路，在选择母线至母线隔离开关之间隔板前的引线、套管时，短路计算点应选在电抗器前。选择其余的导体和电器时，短路计算点一般取在电抗器后。

6. 短路计算方法

在工程设计中，短路电流计算均采用实用计算法。所谓实用计算法，是指在一定的假设条件下计算出短路电流的各个分量，而不是用微分方程去求解短路电流的完整表达式。

（三）计算步骤

本节介绍了适用于工程实用计算的运算曲线法，其计算步骤简述如下：

（1）选择计算短路点。

（2）绘出等值网络（次暂态网络图），并将各元件电抗统一编号。

（3）化简等值网络：将等值网络化简为以短路点为中心的辐射形等值网络，并求出各电源与短路点之间的电抗，即转移电抗 X''_Σ。

（4）求计算电抗 X_{js}。

（5）由运算曲线查出各电源供给的短路电流周期分量的标幺值。

（6）计算无限大容量的电源供给的短路电流周期分量的标幺值。

（7）计算短路电流周期分量有名值和短路容量。

（8）计算短路电流冲击值。

（9）计算异步电机供给的短路电流。

（10）绘制短路电流计算结果表（见表 2-10）。

表 2-10　　　　　短路电流计算结果表（参考格式）

短路点编号	支路名称	支路计算电抗 X_{js}	额定电流 I_N (kA)	0s短路电流周期分量		稳态短路电流		0.2s短路电流		短路电流冲击值 i_m (kA)	全电流最大有效值 I_m (kA)	短路容量 S'' (MVA)
				标幺值 I''_*	有名值 I'' (kA)	标幺值 $I_{\infty*}$	有名值 I_∞ (kA)	标幺值 $I_{0.2*}$	有名值 $I_{0.2}$ (kA)			
公式			$I_B\dfrac{S_N}{S_B}$		$I''_* \, I_N$		$I_{\infty*}\,I_N$		$I_{0.2*}\,I_N$	$(2.55\sim2.7)$ I''	$(1.52\sim1.62)$ I''	$\sqrt{3}I''U_N$
d-1	××kV 系统 ××kV 系统 ××发电机 … 小计											
d-2	××kV 系统 ××kV 系统 ××发电机 … 小计											
d-3	××kV 系统 ××kV 系统 ××发电机 … 小计											

二、三相短路电流的计算

（一）等值网络的绘制

1. 网络模型的确定

计算短路电流所用的网络模型为简化模型，即忽略负荷电流；除 1kV 以下的低压电网外，元件的电阻都略去不计；输电线路的电纳及变压器的导纳也略去不计；发电机用次暂态电抗表示；认为各发电机电势模值为 1，相角为 0。

2. 网络参数的计算

短路电流的计算通常采用标幺值进行近似计算。常取基准容量 S_B 为一整数例如 100MVA（或 1000MVA），而将各电压级的平均额定电压取为基准电压即 $U_B = U_{av} = 1.05U_N$，从而使计算大为简化。

在实际电力系统接线中，各元件的电抗表示方法不统一，基值也不一样。为此的电抗应首先将各元件的电抗值换算为同一基值下标幺值。常见的基值见表 2-11。

表 2-11　　　　　　　　常用标幺值计算的基准值（$S_B = 100$MVA）

基准电压 U_B (kV)	3.15	6.3	10.5	15.75	18	37	63	115	162	230	345	525
基准电流 I_B (kA)	18.39	9.16	5.50	3.67	3.21	1.56	0.92	0.50	0.36	0.25	0.17	0.11
基准阻抗 Z_B (Ω)	0.099	0.397	1.102	2.481	3.240	13.69	39.69	132.25	262.44	529.00	1190.2	2756.2

（二）化简等值网络

采用网络简化法将等值电路逐步化简，求出各电源与短路点之间的转移阻抗。

在工程计算时，为进一步简化网络，减少工作量，常将短路电流变化规律相同或相近的电源归并为一个等值电源。归并的原则是距短路点电气距离大致相等的同类型发电机可以合并；至短路点电气距离较远，$X_{js} > 1$ 的同一类型或不同类型的发电机也可以合并；直接接于短路点的发电机一般予以单独计算，无限大容量的电源应单独计算。

（三）三相短路电流周期分量起始值的计算

进行网络简化时，可简化到最简单的形式即只有一个等效元件，元件的一端是一等值电源，另一端就是短路点。此等效元件的电抗称转移电抗用 X''_Σ 表示。这样可用欧姆定律求出短路电流的数值即

$$I''_* = \frac{E''_\Sigma}{X''_\Sigma} \tag{2-35}$$

式中　E''_Σ——等值电源的次暂态等效电势。在简化计算时，取 $E''_\Sigma = 1$。

短路电流的计算公式可进一步简化为

$$I''_* = \frac{1}{X''_\Sigma} \tag{2-36}$$

短路电流的有名值则为

$$I'' = I''_* I_B \quad (kA) \tag{2-37}$$

我们把短路容量 S_F 定义为

$$S_F = \sqrt{3} I'' I_B \quad (MVA) \tag{2-38}$$

短路容量的标幺值为

$$S_{F*} = \frac{S_F}{S_B} = \frac{\sqrt{3} I'' U_B}{\sqrt{3} I_B U_B} = I''_* = \frac{1}{X''_\Sigma} \tag{2-39}$$

从而得出了短路容量标幺值的倒数就是转移电抗 X''_Σ。

在计算系统内某局部网络的短路电流时，常给出系统在与此网络连接处的短路容量，这时可将系统等效地看成一个电源（电势为1，电抗为 X''_Σ）接入该网络，从而利用上述方法计算出系统对网络内各点供给的短路电流的周期分量。

（四）三相短路电流周期分量任意时刻值的计算

进行网络简化时，求出各个等值电源与短路之间的转移电抗 $X''_{\Sigma i}$，再将其换算成以等值电源容量为基准的标幺值，即为该电源的计算电抗 X_{jsi}。

$$X_{jsi} = X''_{\Sigma i} \frac{S_{Ni}}{S_B} \tag{2-40}$$

式中　S_{Ni}——第 i 个等值电源的额定容量，MVA；$i=1,2,\cdots,n$。

1. 无限大容量电源

当供电电源为无限大容量或计算电抗（以供电电源容量为基准）$X_{js} \geq 3$ 时，则可以认为其周期分量不衰减，此时

$$I''_* = I_{*\infty} = \frac{1}{X''_\Sigma} \left(\text{或} = \frac{1}{X_{js}}\right) \tag{2-41}$$

2. 有限容量电源

当供电电源为有限容量时，其周期性分量是随时间衰减的。这时工程上常采用运算曲线法来求得任意时刻短路电流的周期分量。

所谓运算曲线是一组短路电流周期分量 I_{t*} 与计算电抗 X_{js}、短路时间 t 的变化关系曲线，即 $I_{t*} = f(X_{js}t)$。根据各电源的计算电抗 X_{js}，查相应的运算曲线（见图2-10～图2-18），可分别查出对应于任何时间 t 的周期分量的标幺值 I_{t*}。

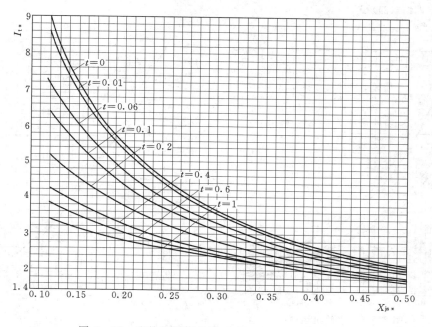

图 2-10　汽轮机运算曲线（一）$X_{js*} = 0.12 \sim 0.50$

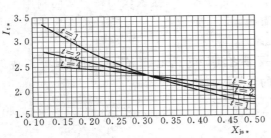

图 2-11　汽轮机运算
曲线（二）$X_{js*} = 0.12 \sim 0.50$

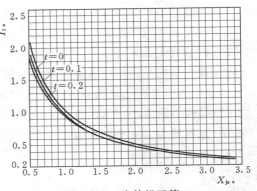

图 2-12　汽轮机运算
曲线（三）$X_{js*} = 0.50 \sim 3.45$

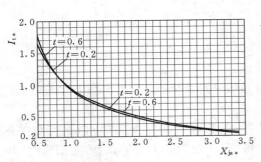

图 2-13　汽轮机运算
曲线（四）$X_{js*} = 0.50 \sim 3.45$

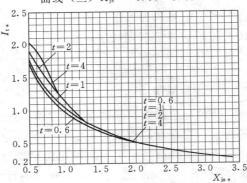

图 2-14　汽轮机运算
曲线（五）$X_{js*} = 0.50 \sim 3.45$

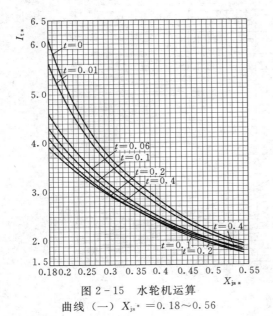

图 2-15　水轮机运算
曲线（一）$X_{js*} = 0.18 \sim 0.56$

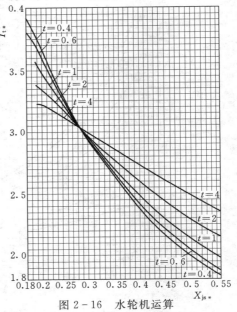

图 2-16　水轮机运算
曲线（二）$X_{js*} = 0.18 \sim 0.56$

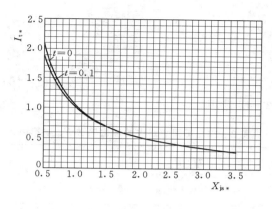

图 2-17 水轮机运算
曲线（三）$X_{js*}=0.50\sim3.50$

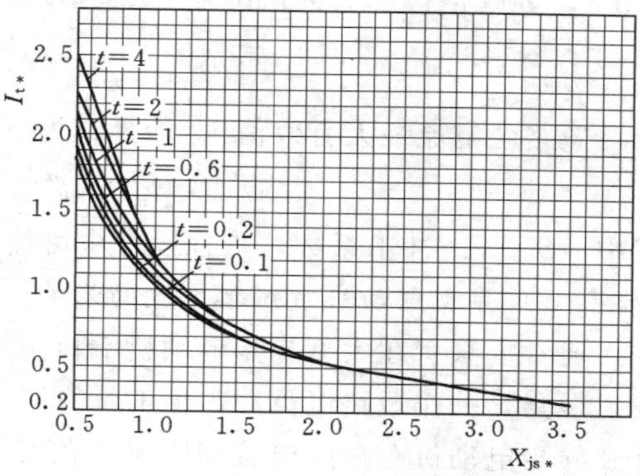

图 2-18 水轮机运算
曲线（四）$X_{js*}=0.18\sim0.56$

3. 总的短路电流周期分量的有名值

最后将得到的各电源在某同一时刻供出的短路电流的标幺值换算成有名值，然后相加，便得到短路点某一时刻的三相短路电流周期分量，即

$$I_t = \sum_{i=1}^{n} I_{ti*} \frac{S_{Ni}}{\sqrt{3}U_B} + I_{*\infty} \frac{S_B}{\sqrt{3}U_B} \qquad (2-42)$$

式中　I_{ti*}——有限容量电源供给的短路电流周期分量标幺值；

　　　$I_{*\infty}$——无限大容量电源供给的短路电流的标幺值；

　　　I_t——短路点 t 秒短路电流周期性分量的有效值，kA。

（五）三相短路电流非周期分量的近似计算

短路电流的非周期分量可按下式计算：

起始值

$$i_{fz0} = \sqrt{2}I'' \qquad (2-43)$$

t 秒的值

$$i_{fzt} = \sqrt{2}I'' e^{-\frac{t}{T_a}} \qquad (2-44)$$

式中　i_{fz0}、i_{fzt}——在时间为 0、t 时短路电流的非周期分量有名值，kA；

　　　T_a——短路点等效衰减时间常数，在近似计算时可直接选用表 2-12 推荐的数值。

表 2-12　　　　　　　　　短路点等效时间常数 T_a 推荐值（s）

短　路　点	T_a	短　路　点	T_a
汽轮发电机端	0.255	高压侧母线（主变压器 100MVA 以上）	0.127
水轮发电机端	0.191	高压侧母线（主变压器 10～100MVA）	0.111
发电机出线电抗器后	0.127	远离发电厂	0.048

（六）三相短路电流的冲击值和全电流最大有效值的计算

三相短路电流的最大峰值出现在短路后半个周期，当 $f=50\text{Hz}$ 时，发生在短路后

0.01s，此峰值被称为冲击电流 i_m。其计算式为

$$i_m = \sqrt{2}I''(1+e^{-\frac{0.01}{T_a}}) = \sqrt{2}K_m I'' \tag{2-45}$$

短路全电流最大有效值 I_m 计算式为

$$I_m = I''\sqrt{1+2(K_m-1)^2} \tag{2-46}$$

式中 K_m——冲击系数，工程设计中可按表 2-13 选用。

（七）异步电动机对短路电流的影响

通常上只有在大型异步电动机端口附近发生短路，并作短路电流冲击值的计算时才计及异步电动机对短路电流的影响。在实用计算中，异步电动机供给的短路电流冲击值 i_m 为

$$i_m = \sqrt{2}K_m I''_m \tag{2-47}$$

式中 K_m——电动机的冲击系数，容量在
1000kW 以上时，取 1.70～1.80；

I''_m——电动机供给的次暂态电流的有效值，通常 I''_m 约为电动机额定电流的 4.5 倍。

表 2-13 不同短路点的冲击系数 K_m 推荐值

短 路 点	K_m
发电机端	1.90
发电厂高压母线 或发电机出线电抗器之后	1.85
远离发电厂	1.80

三、不对称短路电流的计算

1. 对称分量法

不对称短路计算一般采用对称分量法。三相电路中任一组不对称量（电流、电压等）都可以分解为正序（顺序）、负序（逆序）和零序三组对称分量，彼此间的差别在于相序不同。由于三相对称网络中对称分量的独立性，因此可利用叠加原理分别计算三序分量，然后从对称分量中求出实际的短路电流和电压值。

对称分量的基本关系如表 2-14 所示。

表 2-14 对称分量的基本关系

	电流 I 的对称分量		电压 U 的对称分量	算子 a 的性质
相量	$\dot{I}_a = \dot{I}_{a1}+\dot{I}_{a2}+\dot{I}_{a0}$ $\dot{I}_b = a^2\dot{I}_{a1}+a\dot{I}_{a2}+\dot{I}_{a0}$ $\dot{I}_c = a\dot{I}_{a1}+a^2\dot{I}_{a2}+\dot{I}_{a0}$	电压降	$\Delta\dot{U}_1 = \dot{I}_1 jX_1$ $\Delta\dot{U}_2 = \dot{I}_2 jX_2$ $\Delta\dot{U}_0 = \dot{I}_0 jX_0$	$a = e^{j120°} = -\frac{1}{2}+j\frac{\sqrt{3}}{2}$ $a^2 = e^{j240°} = e^{-j120°} = -\frac{1}{2}-j\frac{\sqrt{3}}{2}$ $a^3 = e^{j360°} = 1$
序量	$\dot{I}_{a0} = \frac{1}{3}(\dot{I}_a+\dot{I}_b+\dot{I}_c)$ $\dot{I}_{a1} = \frac{1}{3}(\dot{I}_a+a\dot{I}_b+a^2\dot{I}_c)$ $\dot{I}_{a2} = \frac{1}{3}(\dot{I}_a+a^2\dot{I}_b+a\dot{I}_c)$	短路处电压分量	$\dot{U}_{K1} = \dot{E}-\dot{I}_{K1}jX_{1\Sigma}$ $\dot{U}_{K2} = -\dot{I}_{K2}jX_{2\Sigma}$ $\dot{U}_{K0} = -\dot{I}_{K0}jX_{0\Sigma}$	$a^2+a+1=0$ $a^2-a = \sqrt{3}e^{-j90°} = -j\sqrt{3}$ $a-a^2 = \sqrt{3}e^{j90°} = j\sqrt{3}$ $1-a = \sqrt{3}e^{-j30°} = \sqrt{3}(\frac{\sqrt{3}}{2}-j\frac{1}{2})$ $1-a^2 = \sqrt{3}e^{j30°} = \sqrt{3}(\frac{\sqrt{3}}{2}+j\frac{1}{2})$

注 1. 表中对称分量用电流 I 表示处，电压 U 的关系与此相同。

2. 1、2、0 表示正、负、零序。

3. 乘以算子 a 即使向量转 120°（反时针方向）。

2. 序网的构成

正序、负序和零序三组对称分量对应的网络称为序网。各元件的序参数见表 2－15。

表 2－15　　　　　　　　　电力系统各元件序参数平均值

元件及分类			单位	正序电抗 x_1	负序电抗 x_2	零序电抗 x_0	备注
水轮发电机	有阻尼绕组			29.0	45.0	11.0	
	无阻尼绕组			21.0	21.5	9.5	
汽轮发电机	50MW 及以下		%	14.5	17.5	7.5	国产机
	100～125MW			17.5	21.0	8.0	
	200MW			14.5	17.5	8.5	
	300MW			17.2	19.8	8.4	
	600MW			20.3	25.6	9.4	
同步调相机				16.0	16.5	8.5	
同步电动机				15.0	16.0	8.0	
电缆线路	三芯	6～10kV	Ω/km	0.08		0.0280	
		20kV		0.11		0.0385	
		35kV		0.12		0.4200	
	单芯	110、220kV		0.18		0.1440～0.1800	
架空线路	无避雷线	单回线	Ω/km	单根导线时 0.4		$3.5x_1$	每回路值
		双回线				$5.5x_1$	
	钢质避雷线	单回线		双分裂导线时 0.31		$3.0x_1$	
		双回线				$4.7x_1$	
	良导体避雷线	单回线		四分裂导线时 0.29		$2.0x_1$	
		双回线				$3.0x_1$	

（1）正序网络。它与前述三相短路时的网络和电抗值相同。

（2）负序网络。它所构成的元件与正序网络完全相同，只需用负序阻抗 X_2 代替正序阻抗 X_1 即可。

（3）零序网络。它由元件的零序阻抗构成，零序电压施于短路点，各支路均并联于该点。在作零序网络时，首先须查明有无零序电流的闭合回路存在，这种回路至少在短路点连接的回路中有一个接地中性点时才能形成。

如果在回路中有变压器，那么零序电流只有在一定条件下才能由变压器的一侧感应至另一侧。变压器的零序阻抗 X_0 与构造及接线有关，见表 2－16 和表 2－17。

表 2-16　　　　　　　　　　　　**双绕组变压器的零序电抗**

序号	接 线 图	等 值 电 抗		
		等值网络	三个单相 三相四柱或壳式	三相三柱式
1	绕组 I 任意连接	U_0　X_I　X_{II}	$X_0 = \infty$	$X_0 = \infty$
2	I　　II	U_0　X_I　X_{II}　$X_{\mu 0}$	$X_0 = X_I + \cdots$	$X_0 = X_I + \cdots$
3	I　　II	U_0　X_I　X_{II}　$X_{\mu 0}$	$X_0 = \infty$	$X_0 = X_I + X_{\mu 0}$
4	I　　II	U_0　X_I　X_{II}　$X_{\mu 0}$	$X_0 = X_I$	$X_0 = X_I + \dfrac{X_I X_{\mu 0}}{X_I + X_{\mu 0}}$
5	Z　I　　II	U_0　X_I　X_{II}　$X_{\mu 0}$　$3Z$	$X_0 = X_I + 3Z$	$X_0 = X_I + \dfrac{(X_I + 3Z)X_{\mu 0}}{X_I + 3Z + X_{\mu 0}}$
6	短路点　I　　II　Z	U_0　X_I　X_{II}　$3Z$　$X_{\mu 0}$	$X_0 = X_I + 3Z$ $+\cdots$	$X_0 = X_I + \dfrac{(X_{II} + 3Z + \cdots)X_{\mu 0}}{X_{\mu 0} + X_I + 3Z + \cdots}$

注　1. $X_{\mu 0}$ 为变压器的零序励磁电抗。三相三柱式 $X_{*\mu 0} = 0.3 \sim 1.0$，通常在 0.5 左右（以额定容量为基准）；三个单相、三相四柱式或壳式变压器 $X_{\mu 0} \approx \infty$。

2. X_I、X_{II} 为变压器各绕组的正序电抗，两者大致相等，约为正序电抗 X_1 的一半。

　　若发电机或变压器的中性点是经阻抗接地的，则必须将该阻抗增加 3 倍后再列入零序网络。电抗器的零序阻抗 $X_0 = X_1$。

　　3. 短路电流的正序分量

　　计算不对称短路，首先应求出正序短路电流。由表 2-18 所示的序网组合可知，正序短路电流为

$$I_{*1}^{(n)} = \frac{E_*}{X_{1\Sigma} + X_{\Delta}^{(n)}} \tag{2-48}$$

式中　$X_{\Delta}^{(n)}$——附加阻抗，与短路类型有关，具体组成见表 2-18；

　　　　n——上角符号，表示短路类型。

　　正序分量的计算与前述的三相短路电流的计算方法相同。

　　(1) 求出计算电抗 $X_{js}^{(n)}$ 为

$$X_{js}^{(n)} = (X_{1\Sigma} + X_{\Delta}^{(n)}) \frac{S_N}{S_B} \tag{2-49}$$

表 2-17   三绕组变压器的零序电抗

序号	接 线 图	等 值 网 络	等 值 电 抗
1			$X_0 = X_{\mathrm{I}} + X_{\mathrm{II}}$
2			$X_0 = X_{\mathrm{I}} + \dfrac{X_{\mathrm{II}}(X_{\mathrm{II}} + \cdots)}{X_{\mathrm{II}} + X_{\mathrm{II}} + \cdots}$
3			$X_0 = X_{\mathrm{I}} + \dfrac{X_{\mathrm{II}}(X_{\mathrm{II}} + 3Z + \cdots)}{X_{\mathrm{II}} + X_{\mathrm{II}} + 3Z + \cdots}$
4			$X_0 = X_{\mathrm{I}} + \dfrac{X_{\mathrm{II}} X_{\mathrm{II}}}{X_{\mathrm{II}} + X_{\mathrm{II}}}$

注 1. X_{I}、X_{II}、X_{II} 为三绕组变压器等值星形各支路的正序电抗。

    2. 直接接地YN,yn,yn和YN,yn,d接线的自耦变压器与YN,yn,d接线的三绕组变压器的等值回路是一样的。

    3. 当自耦变压器无第三绕组时,其等值回路与三个单相或三相四柱式YN,yn接线的双绕组变压器是一样的。

    4. 当自耦变压器的第三绕组为Y接线,且中性点不接地时(即YN,yn,y接线的全星形变压器),等值网络中的 X_{II} 不接地,等值电抗 $X_{\mathrm{II}} = \infty$。

（2）无限大容量电源。当供电电源容量为无限大或计算电抗 $X_{\mathrm{js}}^{(n)} \geqslant 3$ 时，计算式为

$$I_{*1}^{(n)} = \frac{1}{X_{1\Sigma} + X_{\Delta}^{(n)}} \tag{2-50}$$

有名值为

$$I_1^{(n)} = I_{*1}^{(n)} \frac{S_{\mathrm{B}}}{\sqrt{3} U_{\mathrm{B}}} \tag{2-51}$$

（3）有限容量电源。在有限容量电源的系统中，按 $X_{\mathrm{js}}^{(n)}$ 直接查发电机的运算曲线，即可得不对称短路电流的正序电流标幺值 $I_{*1(\mathrm{t})}^{(n)}$。其有名值则为

$$I_{1(\mathrm{t})}^{(n)} = I_{*1(\mathrm{t})}^{(n)} \frac{S_{\mathrm{N}}}{\sqrt{3} U_{\mathrm{B}}} \tag{2-52}$$

4. 短路电流的周期性分量

在数值上不对称短路电流的周期性分量是正序分量的 m 倍，即

$$I^{(n)} = m^{(n)} I_1^{(n)} \tag{2-53}$$

式中 $m^{(n)}$——比例系数，它的值按故障种类而定，详见表 2 – 18。

表 2 – 18 序 网 组 合 表

短路种类	符号	序 网 组 合	$X_\Delta^{(n)}$	$m^{(n)}$
三相短路	(3)	$\dot{E}$ — $X_{1\Sigma}$	0	1
二相短路	(2)	$\dot{E}$ — $X_{1\Sigma}$ — $X_{2\Sigma}$	$X_{2\Sigma}$	$\sqrt{3}$
单相短路	(1)	$\dot{E}$ — $X_{1\Sigma}$ — $X_{2\Sigma}$ — $X_{0\Sigma}$	$X_{2\Sigma}+X_{0\Sigma}$	3
二相接地短路	(1, 1)	$\dot{E}$ — $X_{1\Sigma}$ — $\begin{array}{c}X_{2\Sigma}\\X_{0\Sigma}\end{array}$	$\dfrac{X_{2\Sigma}X_{0\Sigma}}{X_{2\Sigma}+X_{0\Sigma}}$	$\sqrt{3}\sqrt{1-\dfrac{X_{2\Sigma}X_{0\Sigma}}{(X_{2\Sigma}+X_{0\Sigma})^2}}$

5. 短路电流的非周期分量

与前述的三相短路时计算相同。在理论上不同类型的故障非周期分量的衰减时间常数不同，但一般取 $T_a^{(1)}=T_a^{(2)}=T_a^{(1.1)}=T_a^{(3)}$。

6. 冲击电流

与前述三相短路时计算同。但由于不对称短路处的正序电压较大，故异步电机的反馈电流可忽略不计。

第三章 电力系统的规划设计

第一节 电力系统规划设计的主要内容

电力系统规划设计的主要内容可分为以下几个方面。

一、电力系统负荷分析

在作电力系统规划设计时，首先应对规划地区的近期与远景负荷进行调查研究，确定出电力负荷的数值及发展水平，以作为系统规划、变电所布局、电源选点等的依据。

二、变电所布局规划

1.35kV 以下的供用电网络中的变电所

这类变电所主要为工矿企业及农村供电，因此变电所的布局主要由用户负荷分布及特点决定，用户的布局确定了，变电所布局也随之而定。

2.110kV 及以上变电所

这类变电所除了为用户供电外，还要考虑系统联络、运行及系统功率交换等的需要，所以变电所的布局应根据系统要求，综合考虑。

三、电力电量平衡与电源规划

根据已确定的电力系统负荷及发展水平，来进行电力、电量的平衡与电源的规划等工作。通常采用的步骤是：

（1）根据电力负荷发展的需要及电力系统中现有发电厂可供电的能力，进行初步电力平衡，计算出规划年限内需要增加发电设备的总容量。

（2）根据国家能源政策与规划地区动力资源的情况，以及负荷特点与分布情况，进行调查研究，提出几种电源布点方案；再经技术经济比较，选出一个相对合理的电源布点方案。

（3）根据推荐的电源规模和布点方案，再进行电力、电量平衡，确定出规划地区各电厂的建设规模与进度。

四、电力网的规划设计

电力网规划设计的包含的主要内容有：

（1）电力网供电范围与电压等级的确定。

（2）变电所运算负荷与变压器台数和容量的确定。

（3）发电厂与变电所主接线型式的确定。

（4）电力网接线方案的选择。

（5）线路导线截面的选择。

（6）电力系统的无功平衡与电压调整。

（7）电力系统中性点运行方式的设计等。

第二节　电力电量的平衡

一、电力负荷的分析

1. 用电量和用电负荷的计算

电力负荷的确定，来自规划区域内各经济部门的发展计划，以及上级部门对该区域经济发展的有关文件，但常常由于这些资料的不完整，多采用预测的方法来确定。

负荷预测的基本方法之一是从电量预测入手，然后转化为负荷。

电量预测的常用方法很多，在 Q/GDW 156—2006《城市电力网规划设计导则》中推荐了四种主要的方法：单耗法，综合用电水平法，外推法和弹性系数法。并明确提出单耗法"较适用于近、中期规划"。下面仅对单耗法作简单介绍。

所谓单耗法就是根据产品（或产值）用电单耗和产品数量（或产值）来推算电量。总的工业用电量可按主要产品分类预测，或分行业综合预测后再进行汇总。该方法简单、方便，但影响因素多，偏差可能较大。很显然产品（或产值）用电单耗与工厂规模、生产设备、工艺流程、技术水平、经营管理等诸多方面有关，故在使用此方法时应根据区域内实际情况进行估算。表 3-1 列出了我国某地区 1991 年部分工业产品单位耗电量，仅供参考。

表 3-1　　　　　　　　　部分工业产品单位耗电量（kW·h）

序号	工业产品	单位	耗电量	序号	工业产品	单位	耗电量
1	原煤：地下开采	t	43.58	17	铜加工（铜材）	t	1440.65
2	焦炭	t	32.22	18	电解铝：直流	t	15988.44
3	铁矿石：露天开采	t	1.10		交流	t	18200.00①
	坑下开采	t	16.89	19	原油加工	t	25.43
4	精选铁矿石	t	27.20	20	制氧	t	1112.73
5	烧结铁矿石	t	32.80	21	碳板	t	4550.56
6	生铁	t	85.86	22	电极	t	6012.84
7	电炉钢：冶金业	t	605.23	23	合成氨：大型	t	505.13
	机械业	t	728.77		中型	t	1426.52
8	转炉钢：侧吹	t	29.11	24	尿素	t	59.21
	顶吹	t	27.90	25	化肥	t	49.87
9	轧钢	t	130.93	26	电石	t	3391.60
10	75%硅钢	t	8627.88	27	烧碱	t	2413.72
11	开坯	t	44.25	28	黄磷	t	14746.87
12	铸钢件（型钢）	t	76.88	29	硫酸	t	102.01
13	铸管（薄板）	t	173.45	30	硝酸	t	166.35
14	无缝钢管	t	170.19	31	甲醇	t	2400.00①
15	铜矿采选	t	69.28	32	乙醇	t	233.24
16	电解铜	t	575.12	33	柠檬酸	t	3094.32

续表

序号	工业产品	单位	耗电量	序号	工业产品	单位	耗电量
34	苯酐	t	495.93	45	涤纶（短丝）	t	1069.82
35	塑料	t	475.30	46	棉纱（折21支）	t	1273.06
36	乙烯	t	2810.00①	47	棉布	m	0.1671
37	普通水泥425号	t	100.48	48	色织布	m	0.2916
38	白水泥	t	173.25	49	自行车	辆	17.57
39	平板玻璃	箱	5.87	50	电视机	台	2.11
40	机制纸	t	800.69	51	缝纫机	台	11.17
41	人造纤维	t	4027.90	52	卷烟	箱	20.00
42	化学纤维（长丝）	t	4508.77	53	面粉	t	48.97
43	弹力丝	t	2987.47	54	自来水	t	0.2747
44	涤纶（长丝）	t	1546.35	55	公交电车营运	km	0.7442

① 为单位产品耗电量定额或限额。

系统用电负荷为规划地区各行业用电负荷的综合，即

$$P_y = K_1 \sum_{i=1}^{n} \frac{A_i}{T_{maxi}} \tag{3-1}$$

式中　A_i——i 行业的计划年用电量，$kW \cdot h$；

　　　T_{maxi}——i 行业的年最大负荷利用小时数，h，见表 3-2；

　　　K_1——同时率，一般应根据实际统计资料确定，当资料缺乏时，可参考表 3-3 提供的数据。

表 3-2　　　　　　　　　各类负荷的年最大负荷利用小时数 （h）

负荷分类	最大负荷利用小时数 T_{max}	负荷分类	最大负荷利用小时数 T_{max}	负荷分类	最大负荷利用小时数 T_{max}
煤炭工业	6000	机械制造工业	5000	其他工业	4000
石油工业	7000	化学工业	7300	交通运输	3000
黑色金属工业	6500	原子能工业	7800	电气化铁道	6000
铁合金工业	7700	建筑材料工业	6500	城市生活用电	2500
有色金属采选	5800	造纸工业	6500	上下水道	5500
有色金属冶炼	7500	纺织工业	6000	农业排灌	2800
电铝工业	8200	食品工业	4500	农村工业	3500
				农村照明	1500

当然，系统最大用电负荷 P_y 也可由系统的总用电量 $\sum A_i$，除以系统的最大负荷利用小时数 T_{max} 而得。

但这时需注意的是系统的最大负荷利用小时数 T_{max} 与系统中所有的用户均有关，可采

用加权平均的方法求得。在规划设计中也可根据过去的 T_{max}，参照系统中各行业用电比例的变化情况，做一些适当调整从而得出近似的 T_{max} 值。

表 3-3　同时率 K_1 参考值

用户及系统情况	用户较少	用户很多	地区与系统之间
同时率 K_1	0.95～1.00	0.70～0.85	0.90～0.95

2. 系统供电负荷和发电负荷计算

（1）系统供电负荷。它是指系统综合最大用电负荷，加上电力网的损耗，其计算式为

$$P_g = \frac{1}{1-K_2}P_y \tag{3-2}$$

式中　K_2——网损率，通常以供电负荷的百分数表示，一般为 5%～10%。

（2）系统发电负荷。系统的发电负荷为发电机出力。其值等于系统供电负荷、发电机电压直配负荷、发电厂厂用电（简称厂用电）负荷之和，计算式为

$$P_f = \frac{1}{1-K_3}(P_g + P_z) \tag{3-3}$$

式中　P_z——发电机电压直配负荷；

　　　K_3——厂用电率，通常以本厂发电负荷的百分数表示，见表 3-4。

表 3-4　发电厂厂用电率 K_3（%）

电厂类型	热电厂	凝汽式电厂	小凝汽式电厂	大、中型水电厂	小型水电厂	核电厂
厂用电率	10～15	8～10	5～6	0.3～0.5	1.0	4～5

二、电力电量的平衡

1. 系统备用容量

电力系统在运行时，负荷时刻在变化，电力设备随时都有故障的可能，此外，运行的设备也要定期检修。因此，在电力系统规划设计时必经考虑足够的备用容量。

（1）负荷备用容量。通常取最大发电负荷的 2%～5%，低值适用于大系统，高值适用于小系统。

负荷备用在一段时期内可由不同的电厂担任。含有水电厂的系统中，一般多由有调节能力的水电厂承担负荷备用。在纯火电机组的系统中，应选择调节性能较好，经济指标适宜的机组担当负荷备用。

（2）事故备用容量。通常为最大发电负荷的 10% 左右，但不小于系统中最大一台机组的容量。

系统事故备用容量的配置，一般可按系统内水、火电工作容量的比例进行分配。调节性能好又相对靠近负荷的水电厂可担负较大的事故备用容量。担负事故备用的水电厂必须具有可连续带基荷工作 10 天以上的事故备用库容。在事故备用容量中，应有相当大一部分设置在运行机组上，作为"热备用"。

（3）检修备用容量。通常为最大发电负荷的 8%～15%，具体数值由系统情况而定。检修备用容量应考虑系统负荷特点、水火电比例、设备质量、检修水平等因素，满足可以周期性地检修所有机组、设备的要求，故一般需按系统中最大一台机组容量来参照确定检修

备用容量。

系统机组的计划检修，应充分利用负荷季节性低落空出的容量，只有空出的容量不足以保证全部机组周期性检修的需要，才设置检修备用容量。

火电机组检修周期为 1～1.5 年，检修时间为 30 天左右；水电机组检修周期为 2～3 年，检修时间为 20 天左右。

2．电力电量平衡

电力系统设计时，应编制从当时到设计水平年的逐年电力电量平衡，以及远景水平年系统和地区的电力电量平衡，必要时还应作地区最小负荷时的电力平衡。

通过电力电量平衡，明确系统所需装机容量、调峰容量以及电能输送方向，为拟定电源方案、装机计划、调峰措施、网络方案、燃料需要量提供依据。

电力平衡的步骤：

（1）分析系统的原始资料，计算系统的发电负荷。

（2）确定系统备用容量，以及在水、火电厂之间的分配。

（3）确定系统总装机容量和逐年装机计划。

（4）拟定各厂逐年装机容量及进度。

电力平衡的内容可参照表 3－5 所列各项进行。

表 3－5　　　　　　　　　　　　系统电力平衡表（MW）

序号	项 目	年	年	年	年
1	系统发电负荷				
2	系统备用容量 　其中：负荷备用 　　　　事故备用 　　　　检修备用				
3	系统应有容量（1+2）				
4	水电利用容量 　其中：工作容量 　　　　备用容量				
5	系统应有火电容量（3-4）				
6	水电年底装机容量 　其中：新增容量				
7	火电年底装机容量 　其中：新增容量				
8	系统总装机容量（6+7）				
9	系统现备用容量（8-1）				
10	备用率（9/1）				

电量平衡则根据需要进行。一般可选择几个代表年逐月平衡，这实际上是月平均负荷与月平均出力的平衡。

在水、火电并存的联合电力系统中，进行规划设计时，通常按设计枯水年进行电力电量平衡；按水平年计算潮流分布，确定电气主接线和送电线路导线截面积；按丰水年水电机组满发，校验电气主接线和线路输送能力。

第三节 一次接入系统的设计

一、输电线路电压等级的确定

输电线路电压等级的确定应符合国家规定的标准电压等级，我国现行的输电线路额定电压标准见表 3-6。

表 3-6　　　　　　　各电压等级输电线路合理输送容量及输送距离

线路额定电压 （kV）	输送容量 （MW）	输送距离 （km）	线路额定电压 （kV）	输送容量 （MW）	输送距离 （km）
0.38	<0.1	<0.6	110	10.0～50.0	150～50
3	0.1～1.0	3～1	220	100.0～300.0	300～100
6	0.1～1.2	15～4	330	200.0～1000.0	600～200
10	0.2～2.0	20～6	500	800.0～2000.0	1000～400
35	2.0～10.0	50～20	750		
60	5.0～20.0	100～20			

在选择输电线路电压等级时，应根据输送容量和输电距离，以及周围电力网的额定电压的情况，拟定几个方案，通过技术经济比较确定。在拟订接线方案时，应注意既要满足远景发展需要，又要具有近期过渡的可能。当两个方案技术经济指标相近，或较低电压等级的方案优点不太明显时，应选用电压等级高的方案，必要时可考虑初期降压运行。

另需注意的是，在同一地区或同一电力系统内，电网的电压等级应尽量简化，各级电压间的级差不宜太小。表 3-6 上还列出了各级电压电力网的合理的输送容量和输送距离，供参阅。基于历史原因，其中 60kV 电网只在我国东北地区存在与发展，330kV 电网只在我国西北地区存在与发展。

二、电力网接线方案的选择

在变电所和电源布局确定的基础上，电力网接线方案选择就是十分重要的了。一个良好的接线方案，对于电力网的投资、建设、运行和发展都有重要意义。

电力网接线方案选择原则有：

1. 采用分区供电的原则

分区供电是将计划供电地区，根据能源分配原则，即损耗最小和线路距离最短的原则，以及其他技术上的要求，分成若干区域，先在每个分区中选择接线方案，最后再整体分析。这是一种割裂的研究方法，是减少初步方案的罗列，提高接线方案选择质量和速度的有效措施。

2. 采用先技术后经济的比较原则

在技术上不能满足要求的接线方案，应立即舍弃。只有那些技术上合理又能满足供电要求的方案，才有追求最经济目标的价值。因此，进行电力网接线方案选择时，必须先进行技术比较，然后再进行经济比较。

电力网的接线方案的选择中需考虑的技术条件通常有：供电的可靠性、电能的质量、运行及维护的方便灵活性；继电保护及自动化操作的复杂程度以及发展的可能性等。

需计及的经济因素有：电能损耗、主要原材料的消耗量、工程总投资等。经济比较的具体方法，在本章第七节专门介绍。

电力网接线方案的具体选择过程中常采用筛选法，其步骤大致为：

（1）列出每个可能的接线方案。

（2）从供电可靠性、运行维护的灵活性等角度去掉明显不合理的方案。

（3）暂留下的方案，按相类似的接线方式进行粗略经济比较，方法是按象征变电所投资大小的断路器数和象征线路投资大小的线路长度进行比较。同一类型留 1～2 个相对较经济的方案。

（4）对继续留下的所有方案电压损耗，电能损耗，工程总投资，年运行费及年费用进行计算，筛去不合理方案等，最后选择出一个理想方案。

综上所述，接线方案选择的原则和方法是：首先选出若干个技术合理又满足供电要求的方案，进行调查研究，分析比较，最后选出技术上先进又比较经济的方案。需注意的是列出初选方案时，既不必罗列出所有可能的方案，但也不能漏掉一个重要方案。

三、发电厂接入系统的设计原则

在拟订发电厂接入系统方案时，应明确该厂规划装机容量，单机容量，各送电方向、功率，距离及其该厂在系统中的作用和地位，并注意以下几点：

（1）尽量简化接线，减少出线电压等级及回路线。

（2）短路容量不超过断路器的实际最大遮断容量。

（3）有利于系统安全稳定运行，有利于系统调度及事故处理。

（4）对将来的发展，应有一定的适应能力。

对于不同规模的发电厂及发电机组，应根据在系统中的地位接入相应电压等级的电力网。在负荷中心的主力发电厂，应直接接入高压主网；单机容量为 100～125MW 的机组，当系统有稳定要求时，应直接升压接入 220kV 电力网，单机容量为 500MW 及以上的机组，一般直接升压接入 330kV 或 500kV 电力网；其他容量的机组升压接入哪一电压等级电力网应进行技术经济比较，可参照上述电力网接线方案的选择。

发电厂接入系统的电压最好不超过两种。

若有容易同时故障的几条送电线路，它们的最大输送功率占其受端总负荷的比例不可过大，以防事故时失电过多而引起受端系统崩溃。

第四节　无功功率的补偿与电压调整

一、无功功率的补偿

（一）概述

电力系统的无功功率平衡是保证电压质量的基本条件。无功功率平衡遵循的是分（电压）层和分（供电）区就地平衡的原则。为达到就地平衡就必须分层分区进行无功补偿。合理的无功补偿和有效的电压控制，不仅可保证电压质量，而且将提高电力系统的稳定性、安全性和经济性。

电力系统的无功电源主要有同步发电机、同步调相机、同步电动机、并联电容器、高压架空线路和电缆线路的充电功率等。

电力系统的无功负荷主要指异步电动机，变压器和输电线路的无功损耗，欠励磁状态下运行的同步发电机，同步调相机和同步电动机，并联电抗器等。

电压的高低对无功负荷大小有着显著影响，华东电力设计院曾对上海地区负荷实测表明，电压每升高 1％，用户吸收的无功负荷增加 3.15％，一般可取 2.5％。

对于不同电压等级的网络，无功平衡与补偿的形式将有所不同。

（二）无功功率的平衡与补偿

1. 330kV 及以上电网的无功平衡与补偿

由于超高压线路充电功率具有较大的数值，而长距离输送无功功率将影响电压质量，导致线损增加。因此这类电网应遵循无功功率分层分区、就地平衡的原则，配置高、低压并联电抗器就地消耗掉超高压线路的充电功率。一般情况下，高、低压并联电抗器的总容量应不低于线路充电功率的 90％。高、低压并联电抗器容量的分配应按系统的条件和各自的特点全面研究决定。

对于 330kV 及以上电网的受端系统应按输入的有功容量相应配套安装无功补偿设备，其安装容量为输入有功容量的 40％～50％，并分别安装在由其供电的 220kV 及以下的变电所中。

2. 220kV 及以下电网的无功平衡

此类电网无功电源的安装总容量 Q_Σ 应大于电网的最大自然无功负荷 Q_D，一般取 1.15 倍。而最大无功负荷 Q_D 与其电网最大有功负荷 P_D 之间存在一定的比例关系，它们的关系式为

$$Q_\Sigma = 1.15 Q_D \qquad\qquad (3-4)$$

$$Q_D = K P_D \qquad\qquad (3-5)$$

式中 K——电网最大自然无功负荷系数。

电网最大有功负荷 P_D 为本网发电机有功功率与主网和邻网输入的有功功率代数和的最大值。

K 值与电网结构、变压级数、负荷特性等因素有关，应经实测或计算确定，也可用表 3-7 中列出的数值估算。

表 3-7   220kV 及以下电网最大自然无功负荷系数 K（kvar/kW）

电网电压(kV) 变压级数	220	110	60	35	10
220/110/35/10	1.25～1.40	1.10～1.25		1.00～1.15	0.90～1.05
220/110/10	1.15～1.30	1.00～1.15			0.90～1.05
220/60/10	1.15～1.30		1.00～1.15		0.90～1.05

注   本网发电机有功功率比重较大时，取较高值；主网和邻网输入的有功功率比重较大时，取较低值。

由此可得，220kV 及以下电网需加装的容性无功补偿设备总容量 Q_C 为

$$Q_C = Q_\Sigma - Q_G - Q_R - Q_{C \cdot L} \tag{3-6}$$

式中　　Q_G——本网发电机的无功容量；

Q_R——主网和邻网输入的无功功率；

$Q_{C \cdot L}$——线路充电功率。

粗略计算时，架空 35kV 及以下线路充电功率可忽略不计，110kV 线为 3.3×10^{-2} Mvar/km，单导线 220kV 线路为 13×10^{-2} Mvar/km，四分裂导线的 500kV 线路约为 100×10^{-2} Mvar/km。电缆线路的电纳值由制造厂提供，因为 10kV 电缆线路的充电功率约为同样和长度 10kV 架空线路的几十倍，所以不能忽略。

3. 220kV 及以下电网的无功补偿

（1）变电所的无功补偿。此类电压等级的变电所一般均应配置可投切的无功补偿设备，其补偿容量一般为该变电所主变压器容量的 10%～30%。在主变压器最大负荷时，其二次侧功率因数不小于表 3-8 中所列数值，或者由电网供给的无功功率与有功功率比值不大于表 3-8 中所列数值。

在轻负荷时，对于 110kV 及以下电压等级变电所，当电缆线路回路较多，而且在切除并联电容器组后，仍出现向系统送无功功率时，应在变电所的中压、低压母线上装设并联电抗器；对于 220kV 变电所，在切除并联电容器组后，其一次母线上的功率因数仍高于 0.98 时，应装设并联电抗器。

表 3-8　220kV 及以下变电所二次侧功率因数规定值

电压等级（kV）	220	35～110
功率因数	0.95～1	0.91～1
无功功率/有功功率	0.33～0	0.48～0

（2）10（6）kV 配电线路的无功补偿。该线路上宜配置高压并联电容器，或者在配电变压器低压侧配置低压并联电容器。电容器的安装容量不宜过大，一般约为线路配电变压器总容量的 5%～10%，并且在线路最小负荷时，不应向变电所到送无功。如配置容量过大，必须装设自动投切装置。

（3）电力用户的无功补偿。所有电力用户均应按原电力工业部 1996 年发布施行的《供电营业规则》中有关规定装设无功补偿设备，用户在当地供电企业规定的电网高峰负荷时的功率因数，应达到下列规定：100kVA 及以上高压供电的用户，功率因数为 0.90 以上；其他电力用户和大、中型电力排灌站，趸购转售电企业，功率因数 0.85 以上；农业用电，功率因数为 0.80。

（三）无功补偿设备的选用

（1）并联电容器和并联电抗器是电力系统无功补偿的重要设备，应优先选用。

（2）为缩短电气距离，特别在远距离超高压送电线路上可选用串联电容器，其补偿度不宜大于 50%，并应防止次同步谐振。

（3）当 220～500kV 电网的受端系统短路容量不足和长距离送电线路中途缺乏电压支持时，为提高输送容量和稳定水平，经技术经济比较合理时，可采用调相机。

（4）为提高系统稳定、防止电压崩溃、提高输送容量，经技术经济比较合理时，可在线路中点附近（振荡中心位置）或在线路沿线分几处安装静止补偿器；带有冲击负荷或负

荷波动、不平衡严重的工业企业，也应采用静止补偿器。

二、电压调整

（一）电压的允许偏差值

根据 SD 325—89《电力系统电压和无功电力技术导则（试行）》的规定，电力系统各级电力网电压的偏差值必须控制在以下允许范围内。

1. 用户受端的电压允许偏差值

（1）35kV 及以上用户的电压允许偏差值应在系统额定电压的 90％～110％范围内。

（2）10kV 用户的电压允许偏差值，为系统额定电压的±7％。

（3）380V 电力用户的电压允许偏差值，为系统额定电压的±7％。

（4）220V 用户的电压允许偏差值，为系统额定电压的－10％～＋5％。

（5）特殊用户的电压允许偏差值，按供用电合同商定的数值确定。

2. 发电厂和变电所母线的电压允许偏差值

（1）330kV、500kV 母线。正常运行方式时，最高运行电压不得超过系统额定电压的＋10％；最低运行电压不应影响电力系统同步稳定、电压稳定、厂用电的正常使用及下一级电压的调节。

向空载线路充电，在暂态过程衰减后线路末端不应超过系统额定电压的 1.15 倍，持续时间不应大于 22min。

（2）发电厂和 500kV 变电所的 220kV 母线。正常运行方式时，电压允许偏差为系统额定电压的 0～＋10％；事故运行方式时为系统额定电压的－5％～＋10％。

（3）发电厂和 220（330）kV 变电所的 110～35kV 母线。正常运行方式时，为相应系统额定电压的－3％～＋7％；事故后为系统额定电压的±10％。

（4）发电厂和变电所的 10（6）kV 母线。应使全部高压用户和经配电变压器供电的低压用户的电压偏差符合规定值。

在电力系统规划设计中，电压计算范围一般从发电机端口到降压变电所低压侧母线。

根据相关导则的要求：为保证用户受电端电压质量和降低线损，220kV 及以下电网电压宜采用逆调压方式。因此逆调压方式应是运行时的主要调压方式，应在规划设计中尽力予以实现。

需说明的是，不论能否实现逆调压方式，还是由于受条件限制而采用常调压或顺调压方式时，电压变动的范围必须符合前述的允许偏差值的要求。

（二）电力系统的调压措施

在电力系统无功功率平衡及具有适当的无功备用容量的前提下，必须合理使用调压措施，才能确保网络内各点电压在允许范围内，从而保证电压质量。常用的调压措施有以下几种。

1. 调整发电机端电压

由于同步发电机端电压在额定值的 95％～105％之间变化时，仍可保证额定有功出力。且通过调节发电机的励磁电流可以调节发电机的端电压。这种调压措施简单、灵活且实用，故在运行中经常使用。

但在规划设计时，应注意满足发电机直配负荷和厂用电负荷对电压的要求。此外这种措施由于其调节范围的限制，故不能作为主要的调压手段。

2. 调节无功补偿功率

当电力网内出现电压过高或过低现象时，装于各处的无功补偿设备可以通过人工或自动装置做出相应的调整，以使网络电压趋于规定范围。这是一个行之有效并普遍采用的调压措施。

3. 改变变压器分接开关位置

在主干网络电压质量有保证的前提下，为满足发电厂、变电所母线和用户受电端电压质量的要求，可用改变变压器变比的方法来调整电压。其中无励磁调压变压器（俗称普通变压器）分接开关的调压范围一般为 $U_N \pm 2 \times 2.5\%$，10kV 配电变压器为 $U_N \pm 5\%$；有载调压变压器的调压范围大，分接开关的调压范围随电压等级和制造厂家的不同而异，其中35kV 有载调压变压器多为 $U_N \pm 3 \times 2.5\%$，60kV 及以上有载调压变压器有 $U_N \pm 8 \times 1.25\%$、$U_N \pm 8 \times 1.5\%$ 等几种。有载调压变压器由于在运行过程中可以改变分接开关位置，因此是保证电压质量的常用措施。

至于无励磁调压变压器和有载调压变压器类型选择的一般原则是：

（1）直接向 10kV 配电网供电的降压变压器应选用有载调压变压器。若经调压计算，仅此一级调压尚不能满足电压控制的要求，则可在其电源侧各级降压变压器中，再采用一级有载调压变压器。

（2）10kV 重要用户和对电压质量有较高要求的用户专用变压器可采用有载调压变压器。

（3）35kV 以及上用户为满足其内部网络的要求，一般宜选用有载调压变压器。

（4）对于 220kV 及以上的降压变压器和发电厂的联络变压器，若由出力变化较大的电厂或有时为送端、有时为受端的母线供电，电网电压可能有较大变化，经调压计算论证确有必要且技术经济比较合理时，可选用有载调压变压器。

（5）发电厂升压变压器一般选用无励磁调压变压器。

（6）10kV 的公用配电变压器一般均采用无励磁调压变压器。

需说明的是位于负荷中心的发电厂的升压变压器的调压范围应与附近的降压变压器分接头电压配合，要适当下移 2.5%～5%；而位于系统送端发电厂附近变电所中的无励磁调压的降压变压器的调压范围应与电厂的分接头相配合，要适当上移 2.5%～5%。

至于变压器分接头选择的具体计算，见第二章第三节。

第五节 主变压器的选择

一、主变压器型式的选择

1. 相数的确定

（1）330kV 及以下的电力系统，在不受运输条件限制时，应选用三相变压器。

（2）500kV 及以上电力系统，应根据制造、运输条件和可靠性要求等因素，经技术经济比较后，确定采用三相还是单相变压器。若选用单相变压器组，可考虑系统和设备的情况，装设一台备用相变压器。

2. 绕组数的确定

（1）最大机组容量为 125MW 及以下的发电厂，当有两种升高电压向用户供电或与系统连接时，宜采用三绕组变压器，但每个绕组的通过容量应达到该变压器额定容量的 15% 及以上。否则绕组未能充分利用，反而不如选择两台双绕组变压器合理。两种升高电压的三绕组变压器一般不超过两台。

（2）在高中压系统均为中性点直接接地系统的情况下，可考虑采用自耦变压器。

（3）200MW 及以上的机组采用双绕组变压器加联络变压器更为合理。

（4）联络变压器一般应选三绕组变压器，而在中性点接地方式允许的条件下，以选自耦变压器为宜，低压绕组可作为厂用备用电源或厂用启动电源，亦可连接无功补偿装置。

（5）具有三种电压的变电所中，如通过主变压器各侧绕组的功率均达到该变压器容量的 15% 以上；或低压侧虽无负荷，但在变电所内需装设无功补偿设备时；主变压器宜采用三绕组变压器，当中性点接地方式允许时则应采用自耦变压器。

（6）对深入引进负荷中心、具有直接从高压降为低压供电条件的变电所，为简化电压等级或减少重复降压容量，可采用双绕组变压器。

二、主变压器容量和台数的确定

（一）发电厂主变压器容量的确定

1. 具有发电机电压母线接线的主变压器

（1）当发电机母线上负荷最小时，能将发电机电压母线上的剩余有功和无功容量送入系统。

（2）当发电机电压母线上最大一台发电机组停用时，能由系统倒送电以满足发电机电压母线上的最大负荷的要求。当然应适当考虑发电机电压母线上负荷的可能增长和变压器的允许过负荷能力。

（3）若发电机母线上接有两台或两台以上的主变压器时，当其中容量最大的一台退出运行时，其他主变压器在允许正常过负荷的范围内，应能输送母线剩余功率的 70%。

（4）根据系统经济运行的要求（如充分利用丰水季节的水能），而限制火电厂的输出功率。此时火电厂的主变压器应具有从系统倒送功率的能力，以满足发电机电压母线上最大负荷的要求。

2. 单元接线的主变压器

（1）单元接线时的变压器容量应按发电机的额定容量扣除本机组的厂用负荷后，留有 10% 的裕度来确定。

（2）采用扩大单元接线时，应尽可能采用分裂绕组变压器，其容量应按单元接线的计算原则算出的两台机容量之和来确定。

3. 连接两种升高电压母线的联络变压器

（1）应能满足两种电压网络在各种不同运行方式下，网络间有功功率和无功功率交换。

（2）其容量一般不小于接于两种电压母线上最大一台机组的容量。

为了布置和引线方便，联络变压器通常只选一台，最多不超过两台。

（二）变电所主变压器容量的确定

（1）按变电所建成后 5～10 年规划负荷选择，并适当考虑到远期 10～20 年的负荷发展，对城郊变电所，主变压器容量应与城市规划相结合。

（2）装有两台以上主变压器的变电所，应考虑一台主变压器停运时，其余变压器容量不应小于 60％的全部负荷，并保证Ⅰ类、Ⅱ类负荷的供电。

（三）主变压器台数的确定

（1）与系统有强联系的大、中型发电厂和枢纽变电所，在一种电压等级下，主变压器应不小于 2 台。

（2）与系统联系较弱的中、小型电厂和低压侧电压为 6～10kV 的变电所或与系统联系只是备用性质时，可只装 1 台主变压器。

（3）对地区性孤立的一次变电所或大型工业专用变电所，可设 3 台主变压器。

第六节　送电线路导线截面的选择

送电线路导线截面积选择的一般作法是：先按电流密度初选导线标称截面积，然后进行电压损失、机械强度、电晕、发热等技术条件的校验。

对用于不同地方的送电线路来说，起控制作用的技术条件往往不同。例如超高压输电线路主要考虑电晕放电、无线电干扰和噪音的程度；1～10kV 的线路主要考虑电压损耗；大跨越段的导线主要考虑机械强度和长期允许截流量；电缆线路则主要考虑热稳定和动稳定等。

送电线路导线截面的选择，应根据 5～10 年电力系统的发展规划进行。

一、按经济电流密度选择导线截面

按经济电流密度以及该线路在正常运行方式下的最大持续输送功率，可求得导线的经济截面，其实用的计算公式为

$$S_j = \frac{P_{max}}{\sqrt{3} J U_N \cos\varphi} \tag{3-7}$$

或

$$S_j = \frac{\sqrt{P_{max}^2 + Q_{max}^2}}{\sqrt{3} J U_N} \tag{3-8}$$

式中　P_{max}——正常运行方式下线路最大持续有功功率，应计及 5～10 年的发展，kW；

　　　Q_{max}——正常运行方式下线路最大持续无功功率，应计及 5～10 年的发展，kvar；

　　　U_N——线路额定电压，kV；

　　　J——经济电流密度，A/mm²；

　　$\cos\varphi$——负荷的功率因数。

根据计算结果选取最接近的标称截面的导线。

我国现行的软导线经济电流密度 J 与最大负荷利用小时数 T_{max} 的关系如图 3-1 所示。当线路的最大负荷利用小时数 T_{max} 已知时，则可找到相应的经济电流密度 J。

线路的最大负荷利用小时数 T_{max}，应由所通过的各负荷点的功率及其 T_{max} 决定。对于放射形网络，每条线路向一个负荷点供电，则线路的最大负荷利用小时数就是所供负荷的最大负荷利用小时数 T_{max}，对于链形网络，各段线路的最大负荷利用小时数 T_{max} 等于所供

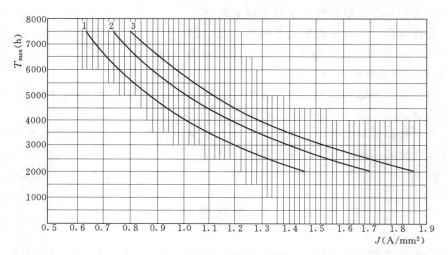

图 3-1　软导线经济电流密度 J

1—10kV 及以下 LJ 型导线；2—10kV 及以下 LGJ 型导线；3—35～220kV 及以下 LGJ 型导线

负荷点的最大负荷利用小时数 T_{max} 的加权平均值，即

$$T_{max} = \frac{\sum\limits_{j=1}^{n} P_{max \cdot j} T_{max \cdot j}}{\sum\limits_{j=1}^{n} P_{max \cdot j}} \qquad (3-9)$$

式中　$P_{max \cdot j}$——各负荷点的最大有功功率；

　　　　$T_{max \cdot j}$——各负荷点的最大负荷利用小时数。

对于环形网络，通常可在有功功率分点处拆开，成为放射形或链形网络，其各段线路 T_{max} 可用上述方法求得。

需说明的是，为了便于检修和管理，在现场的实际应用中，同一地区同一电压等级的电力网导线选用的种类和规格应尽可能的少。

二、校验导线截面积

1. 按允许载流量条件校验导线截面积（发热校验）

导线型号初选后，需计算出最严峻的正常运行方式和事故运行方式下，实际可能的工作电流，将其与该型号导线长期允许载流量相比较，前者应小于等于后者。

在正常情况下导线的最高工作温度取 70℃，当计及日照影响时最多不应超过 80℃。在海拔 1000m 及以下、环境温度为 25℃时的铝绞线、钢芯铝绞线以及部分特殊导线的长期允许载流量列于附表 7 和附表 8；当导线的工作条件与附表 7 和附表 8 所示载流量计算条件不符时，则导线的长期允许载流量需进行修正，其修正系数见附表 13。需注意的是这里的环境温度，对于户外裸导线应取当地一年中最热月份的平均最高温度，即最热月每日最高温度的月平均值，再取多年平均值。我国一些城市的最热月平均最高温度列于附表 19 中，供参考。

2. 按电晕条件校验导线截面积

110kV 及以上线路，避免电晕的产生往往是限制导线截面不能过小的主要原因。通常所选导线产生电晕的临界电压应大于其最高工作电压。

单根导线和分裂导线产生电晕的临界电压可计算为

$$U_0 = 84 m_1 m_2 K \delta^{\frac{2}{3}} \frac{nr}{K_0} \left(1 + \frac{0.301}{\sqrt{r\delta}}\right) \lg \frac{D_m}{r_{eq}} \quad (kV) \qquad (3-10)$$

$$\delta = \frac{2.895p}{273+t} \times 10^{-3} \qquad (3-11)$$

$$K_0 = 1 + \frac{r}{d} \times 2(n-1) \sin \frac{\pi}{n} \qquad (3-12)$$

式中　　m_1——导线表面粗糙系数，一般取 0.9；

　　　　m_2——天气系数，晴天取 1.0，雨天取 0.85；

　　　　K——三相导线水平排列时，考虑中间导线电容量比平均电容量大的不均匀系数，

　　　　　　　一般取 0.96；

　　　　δ——相对空气密度；

　　　　n——分裂导线根数，单根导线 $n=1$；

　　　　r——导线半径，cm；

　　　　D_m——导线相间几何均距，三相水平排列时 $D_m=1.26D$；

　　　　D——相间距离，cm；

　　　　r_{eq}——分裂导线等效半径，如单根导线 $r_{eq}=r$，双分裂导线 $r_{eq}=\sqrt{rd}$，三分裂导线

　　　　　　　$r_{eq}=\sqrt[3]{rd^2}$，四分裂导线 $r_{eq}=\sqrt[4]{r\sqrt{2}d^3}$；

　　　　d——分裂间距，cm；

　　　　p——大气压力，Pa（1Pa=0.0075mmHg）；

　　　　t——空气温度，$t=25-0.005H$；

　　　　H——海拔，m。

当海拔不超过 1000m 时，在常用的相间距离情况下，如导线截面积不小于表 3-9 所列型号，可不进行电晕校验。

表 3-9　　　　　　　　　不必验算电晕的导线最小型号及外径

额定电压 （kV）	110	220	330		500
软导线型号	LGJ—70	LGJ—300	LGJ—630、 LGJK—500	LGJ—2×300	LGJ—4×300
管型导体外径 （mm）	φ20	φ30	φ40		

3. 按机械强度条件校验导线截面积

为保证架空线路具有必要的机械强度，对于跨越铁路，通航河流、公路、通信线路以及居民区的电力线路，其导线截面积不得小于 35mm²；通过其他地区的允许最小截面积为：35kV 及以上线路 25mm²，35kV 以下线路 16mm²。

三、按允许电压损耗选择导线截面

10kV 及以下网络，由于负荷分散，无法在每个负荷点装设调压设备来满足用电设备

对电压质量要求。因此，我们往往用电压损耗作为控制条件去选择导线截面。

从电抗计算公式和附表 4 所列数据可以看出，10kV 及以下线路截面改变对电抗影响很小，因此在按允许电压损耗 ΔU_{max} 选择导线截面时，先设单位长度的电抗值相等，并分解出线路电阻中的允许电压损耗 ΔU_r，即

$$\Delta U_r = \Delta U_{max} - \Delta U_x \qquad (3-13)$$

$$\Delta U_r = \frac{\sum\limits_{i=1}^{n} P_i r_{1i} l_i}{U_N} \qquad (3-14)$$

$$\Delta U_x = \frac{x_1 \sum\limits_{i=1}^{n} Q_i l_i}{U_N} \qquad (3-15)$$

式中　P_i、Q_i——各线段通过的有功功率、无功功率；

　　　　r_{1i}——各线段单位长度线路电阻；

　　　　x_1——假设相等的各线段单位长度线路电抗，通常取 $0.35\sim0.4\Omega/km$；

　　　　l_i——各线段长度。

比较常用的是采用各线段导线截面相等的条件来选择导线截面，这时由式（3-14）可得

$$S = \frac{\rho \sum\limits_{i=1}^{n} P_i l_i}{\Delta U_r U_N} \qquad (3-16)$$

式中　ρ——导线材料的电阻率，$\Omega \cdot mm^2/km$。

当计算出导线截面 S 后，应选取一个与 S 接近的标称截面的导线，然后根据所选的标称截面的导线参数求出实际的电压损耗，校验其是否满足允许电压损耗的要求，若满足，所选导线合适；否则应选大一号的导线，再进行电压损耗验算，直到满足要求为止。

对 1~10kV 线路，通常要求自供电的变电所母线至线路末端的最大电压损耗不得超过 5%。对更高电压等级的线路虽无限制，但一般认为在无特殊要求的条件下，正常运行时电压损耗不超过 10%；故障时电压损耗不超过 15%，在这种情况下可运用各种调压措施保证负荷所要求的电压质量。

人们也常常使用负荷矩法来按允许电压损耗选择或校验导线截面。所谓负荷矩是指线路传输的最大有功功率与线路长度的乘积，它能反映线路的功率损耗和电压质量。当给定允许电压损耗时，可用计算求得导线截面、功率因数、负荷矩以及电压等级等之间的关系。表 3-10~表 3-12 给出了当允许电压损耗为 10% 时，以上各量之间的关系。若允许电压损耗不是 10%，而是另一值时，可将表中数据按相应比例折算。

四、选择导线截面的实用方法

（1）35kV 及以上电压等级的送电线路。这类线路首先应按经济电流密度选择导线截面，再按电晕条件，允许载流量和机械强度条件等校验。

（2）10kV 及以下电压等级的送电线路。这类线路往往是按允许电压损耗选择导线截面，再按允许载流量，机械强度条件进行校验。

（3）低压配电线路。这类线路由于线路较短，电压损耗也较小，导线截面主要按允许载流量条件选取。

表 3-10　　　　　　　6kV、10kV 线路电压损失 10 %时的负荷矩（kW·km）

导线型号	6kV							10kV						
	cosφ 为下列值电压损失 10%的负荷矩													
	1.00	0.95	0.90	0.85	0.80	0.75	0.70	1.00	0.95	0.90	0.85	0.80	0.75	0.70
LGJ—16	1836	1724	1672	1630	1580	1550	1520	5100	4780	4640	4520	4380	4300	4240
LGJ—25	2840	2590	2466	2384	2300	2230	2160	7800	7140	6840	6620	6400	6200	6020
LGJ—35	3960	3460	3300	3160	3020	2900	2970	11000	9600	9160	8760	8400	8060	7760
LGJ—50	5720	4800	4440	4180	4000	3780	3600	15900	13300	12300	11600	11100	10500	10000
LGJ—70	8000	6320	5800	5620	5000	4740	4440	22200	17500	16100	15600	14000	13200	12500
LGJ—95	10900	8140	7280	6660	6160	5720	5320	30300	22600	20200	18500	17100	15900	14800
LGJ—120	13320	9480	8340	7560	6920	6240	6240	37000	26300	23200	21000	19200	17600	16400

表 3-11　　　　35kV、110kV 线路电压损失 10 %时的负荷矩（MW·km）

导线型号	35kV							110kV				
	cosφ 为下列值电压损失 10%的负荷矩											
	1.00	0.95	0.90	0.85	0.80	0.75	0.70	1.00	0.95	0.90	0.85	0.80
LGJ—35	135	117	110	104	99	95	91					
LGJ—50	195	160	147	137	129	123	116	1920	1580	1420	1340	1260
LGJ—70	272	209	190	174	162	151	141	2690	2040	1840	1690	1570
LGJ—95	371	265	234	212	194	179	166	3560	2580	2270	2050	1880
LGJ—120	453	306	266	238	216	198	182	4480	2980	2580	2300	2090
LGJ—150	583	362	308	272	244	222	202	5760	3510	2980	2620	2350
LGJ—185	720	415	346	302	269	242	219	7120	4010	3330	2900	2580
LGJ—210	817	448	369	320	284	254	230	8070	4270	3500	3020	2670
LGJ—240								9060	4630	3760	3220	2840
LGJ—300								11300	5180	4130	3500	3070
LGJ—400								15100	5950	4630	3880	3350

表 3-12　　　　220kV 线路电压损失 10 %时的负荷矩（MW·km）

导线型号	单　导　线					二　分　裂				
	cosφ 为下列值电压损失 10%的负荷矩									
	1.00	0.95	0.90	0.85	0.80	1.00	0.95	0.90	0.85	0.80
LGJ—185	28470	15380	12630	10930	9680	56940	25670	20370	17270	15070
LGJ—210	32270	16520	13410	11540	10160	64530	27010	21180	17830	15480
LGJ—240	36670	17600	14180	12110	10610	73340	28830	22390	18750	16210
LGJ—300	45230	19570	15420	13020	11330	90460	31180	23820	19760	16980
LGJ—400	60500	22300	17170	14300	12320	121000	34670	25920	21250	18110
LGJ—500	74460	24190	18330	15140	12970	148920	36780	27150	22110	18760

（4）闭式网络。这种网络由于各段线路的功率分布与各段线路型号有关，其导线截面的选择按下述步骤进行：

1）先假设导线截面相等，按均一网计算出初步功率分布。

2）用初步功率分布按经济电密度（或允许电压损耗）选出导线截面。

3）按所选导线截面的参数再求功率分布。

4）用第二次功率分布计算的结果，再按经济电流密度选出导线截面。

5）这样反复迭代直到最后两次选出的导线截面相等为止。

对按允许电压损耗选择截面的闭式地方网来说，由于通常采用的是各段线路截面相等的原则，因此做到第 2）步即可得结果。而对于闭式区域网则需按上述几个步骤反复迭代，由于每计算一次导线截面，都要选用标称值，而标称截面级差又大，所以一般迭代2～3次就可得出结果。

第七节　方 案 的 比 较

在电力系统的规划设计中，必须根据国家现行的有关方针政策和国民经济发展计划，对电源布局和网络建设提出若干方案，然后对它们进行全面的技术经济比较。通常的步骤是首先在可能的初步方案中筛选出几个技术上优越而又比较经济的方案，然后再进行经济计算，由此确定出最佳方案。

一、技术经济比较的原则

比较时应考虑以下几个原则：

（1）符合国家有关方针政策的要求。

（2）便于过渡并能适应远景的发展。

（3）技术条件好，运行灵活可靠，管理方便。

（4）投资及年运行费用低，并且有分期投资的可能性。

（5）国家短缺的原材料消耗少。

（6）建设工期短。

二、经济比较中需考虑的几个费用

（1）建设投资。建设投资是指为实现该方案，在建设期间需支付的资金。

（2）年运行费。年运行费是指该方案建成或部分建成时，在投运期间为维护其正常运行每年需付出的费用，通常包括四个部分：①设备折旧费；②设备的经常性小修费；③设备的维护管理费；④年电能损耗。

运行中的输变电设备，本身要产生一定的电能损耗，每年电能损耗的度数按电价折算后也属于电力系统年运行费的一部分，称为年电能损耗折价费。

年运行费 μ 的计算为

$$\mu = \frac{1}{100}(a_1 + a_2)Z + \beta\Delta A \tag{3-17}$$

式中　μ——年运行费，元/年；

　　　a_1——基本折旧率，取 4.8%；

　　　a_2——大修率，国产设备取 1.4%，进口设备取 1%；

　　　Z——投资费，元；

　　　ΔA——年电能损耗，kW·h/年；

　　　β——电价，元/（kW·h）。

（3）效益。效益是指该方案运行期间内，每年可收入的费用。

三、经济比较

对上述有关费用计算后，便可进行经济比较。当经济效益相同时，进行经济比较只需计及投资总额与年运行费用的大小。

在比较方案中，投资 Z 与年运行费 μ 最小的方案优先选用。若投资 Z 大的方案而年运行费 μ 小，则应进一步的计算比较。具体方法如下。

1. 静态比较法

所谓静态比较法，其基本思想是：不考虑设备，材料，人工等费用随时间的变化，认为费用与时间是无关的，因而只对各种费用按固定价值分析比较。

（1）抵偿年限法。两方案比较时，若投资 $Z_1 > Z_2$，而年运行费 $\mu_1 < \mu_2$，则可用抵偿年限判断最优方案。抵偿年限的计算为

$$N = \frac{Z_1 - Z_2}{\mu_2 - \mu_1} \qquad (3-18)$$

式中　N——抵偿年限，年。

目前我国一般采用的标准抵偿年限为 $5 \sim 8$ 年。当 N 小于 $5 \sim 8$ 年，选用投资大的方案一；反之则选用年运行费低的方案二。

（2）年计算费用法。此法主要用于两个以上方案的比较。按每个方案的投资 Z_i 和年运行费用 μ_i，用标准抵偿年限 $N = 5 \sim 8$ 年，分别计算出每个方案的年计算费用为

$$J_i = \frac{Z_i}{N} + \mu_i \qquad (3-19)$$

式中　J_i——i 方案的年计算费用；

　　　i——任一方案，若有几个方案，$i = 1, 2, \cdots, n$。

其中 J_i 最小的方案，经济上最优。

2. 动态比较法

动态比较法的理论基础是考虑了资金本身的时间价值，亦即时间不同，资金的价值也就不同。

（1）资金的分类有：

1）资金的现在值（P）。它是指当前的或折算到当前的金额，如图 3-2（a）所示。

2）资金的将来值（F）。它是指从现在算起第 n 年末的值，如图 3-2（b）所示。

3）资金的等年值（A）。它为分年次等额支付的金额，如图 3-2（c）所示。

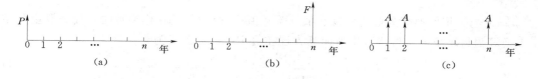

图 3-2　资金的分类示意图
(a) 资金的现在值；(b) 资金的将来值；(c) 资金的等年值

（2）不同时间各类资金的换算方式有：

1）资金现在值换算为等价将来值（本利和计算），见图 3-3。它的换算公式为

$$F = P(1 + r_0)^n \tag{3-20}$$

式中　　r_0——年利率，常取 0.1；

　　　　n——换算年数；

$(1 + r_0)^n$——整付本利和系数。

参考图 3-3。

2）资金的将来值换算为等价的现在值（折现计算）时，将式（3-20）移项得

$$P = F \frac{1}{(1 + r_0)^n} \tag{3-21}$$

式中　　$\dfrac{1}{(1 + r_0)^n}$——整付现在值系数（折现系数）。

图 3-3　资金本利和示意图

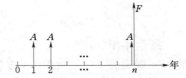

图 3-4　资金等年值本利和计算

3）资金等年值换算为等价将来值（等年值本利和计算），见图（3-4）。根据式（3-20），等价的将来值为

$$F = A(1 + r_0)^{n-1} + A(1 + r_0)^{n-2} + \cdots + A \tag{3-22}$$

将式（3-22）两边乘以（1+r_0）得

$$F(1 + r_0) = A(1 + r_0)^n + A(1 + r_0)^{n-1} + \cdots + A(1 + r_0) \tag{3-23}$$

由式（3-23）减去式（3-22）得 $Fr_0 = A(1 + r_0)^n - A$，所以

$$F = A \frac{(1 + r_0)^n - 1}{r_0} \tag{3-24}$$

式中　　$\dfrac{(1 + r_0)^n - 1}{r_0}$——等年值本利和系数。

4）资金将来值换算为等价的等年值（偿还基金计算）时，由式（3-24）移项得

$$A = F \frac{r_0}{(1 + r_0)^n - 1} \tag{3-25}$$

式中　　$\dfrac{r_0}{(1 + r_0)^n - 1}$——偿还基金系数。

5）资金等年值换算为等价的现在值（等年值折现计算）。在作换算时，先将资金等年值 A 换算为将来值 F，再将将来值换算为现在值 P，计算公式为

$$P = F \frac{1}{(1 + r_0)^n} = A \frac{(1 + r_0)^n - 1}{r_0(1 + r_0)^n} \tag{3-26}$$

式中　　$\dfrac{(1 + r_0)^n - 1}{r_0(1 + r_0)^n}$——等年值折现系数。

6）资金现在值换算为等价等年值（投资回收计算）时，由式（3-26）移项得

$$A = P \frac{r_0(1 + r_0)^n}{(1 + r_0)^n - 1} \tag{3-27}$$

式中　$\dfrac{r_0(1+r_0)^n}{(1+r_0)^n-1}$——投资回收系数。

（3）年费用最小法。年费用最小法就是将各比较方案的费用（包括施工阶段的逐年投资和运行中各年的运行费），按一定利率换算的一个折算年，求出其年费用，然后取年费用最小的方案作为经济方案。

1）建设投资。根据具体情况可一次投资，也可分期投资。考虑时间因素折算的第 m 年的总投资为

$$Z = \sum_{t=1}^{n} Z_t(1+r_0)^{m-t} \qquad (3-28)$$

式中　t——从工程开工这一年起的年份；

　　　m——施工年数；

　　　Z_t——第 t 年的投资。

2）年运行费。各年运行费折算到第 m 年的总和为

$$\mu' = \sum_{t=t'}^{m+n} \mu_t(1+r_0)^{m-t} \qquad (3-29)$$

式中　t'——工程部分投产的年份；

　　　n——工程经济使用年限（水电厂 $n=50$ 年，火电厂 $n=25$ 年，核电站 $n=25$ 年，输变电 $n=20\sim25$ 年）；

　　　μ_t——第 t 年的运行费。

图 3-5 为上述公式中各参量的相互关系示意图。

3）费用的折算。若要将全部投资 Z 在该工程全部建成投运后的经济使用年限 n 年内每年平均偿还，则每年的平均偿还费 M 可由式（3-27）求出

$$M = Z\frac{r_0(1+r_0)^n}{(1+r_0)^n-1} \qquad (3-30)$$

同样，若要将总的年运行费 μ' 平均分配到全部投运后的 n 年内，则每年平均应支付的年运行费 μ 为

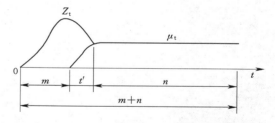

图 3-5　年费用最小法各参量示意图

$$\mu = \mu'\frac{r_0(1+r_0)^n}{(1+r_0)^n-1} \qquad (3-31)$$

4）年费用。将式（3-30）和式（3-31）相加得全部投运后每年平均付出的费用，若用 NF 表示，则

$$NF = M+\mu = (Z+\mu')\frac{r_0(1+r_0)^n}{(1+r_0)^n-1} \qquad (3-32)$$

用上述方法计算出各方案的年费用 NF_i 后进行比较，NF_i 最小的方案为经济方案。

（4）内部经济回收率法，又称为投资回收率法。其意义是：令现金的支出与收入的现在值相等，迭代求出投资收益率 r，投资收益率大的方案为经济方案。

将全部工程流程中运行费和投资，换算到工程开工前一年，则总支出费用为

$$C = \sum_{t=1}^{m+n} \frac{C_t}{(1+r)^t} \qquad\qquad (3-33)$$

式中 C_t——在计算年内，各年的方案投资和年运行费；

　　　r——投资收益率。

将工程投运后（从 t' 年起）逐年收益费也换算到工程开工前一年，则总收益费为

$$B = \sum_{t=t'}^{m+n} \frac{B_t}{(1+r)^t} \qquad\qquad (3-34)$$

式中 B_t——方案的年收益。

令 $C=B$ 则得

$$\sum_{t=1}^{m+n} \frac{C_t}{(1+r)^t} - \sum_{t=t'}^{m+n} \frac{B_t}{(1+r)^t} = 0 \qquad\qquad (3-35)$$

由式（3-35）迭代求解出投资收益率 r。

投资收益率越大表示该方案每年的盈利越大，因此在多方案比较时应选投资收益率大的方案。另外还应注意，只有当投资收益率大于贷款率时，该方案才是可取的。

第四章 电气主接线的设计

电气主接线是发电厂、变电站设计的主体。采用何种主接线形式，与电力系统原始资料，发电厂、变电站本身运行的可靠性、灵活性和经济性的要求等密切相关，并且对电气设备选择、配电装置布置、继电保护和控制方式的拟订都有较大的影响。

因此，主接线的设计必须根据电力系统、发电厂或变电站的具体情况，全面分析，正确处理好各方面的关系，通过技术经济比较，合理地选择主接线方案。

第一节 电气主接线的设计原则和要求

一、电气主接线的设计原则

电气主接线设计的基本原则为：以下达的设计任务书为依据，根据国家现行的"安全可靠、经济适用、符合国情"的电力建设与发展的方针，严格按照技术规定和标准，结合工程实际的具体特点，准确地掌握原始资料，保证设计方案的可靠性、灵活性和经济性。

二、电气主接线的设计步骤

电气主接线的设计是发电厂、变电站整体设计的重要内容之一。

实际的发电厂、变电站的工程设计是按照工程基本建设程序设计的，按实施进程一般分为四个阶段：可行性研究阶段；初步设计阶段；技术设计阶段；施工设计阶段。其设计工作量大、专业划分较细。考虑到我们学生的设计时间不长，以实际工程设计的方式完成全部设计工作显然是不可能的。因此，在设计内容上主要侧重教学需要，掌握主要的和基本的电力工程设计与工程计算方法，这相当于实际电气初步设计的程度。

电气主接线设计的一般步骤：

（1）原始资料分析。根据下达的设计任务书的要求，在分析原始资料的基础上，各电压等级拟订可采用的数个主接线方案。

（2）对拟订的各方案进行技术、经济比较，选出最好的方案。各主接线方案都应该满足系统和用户对供电可靠性的要求，最后确定何种方案，要通过经济比较，选用年运行费用最小的作为最终方案，当然，还要兼顾到今后的扩容和发展。

（3）绘制电气主接线图。按工程要求，绘制工程图，图中采用新国标图形符号和文字代号，并将所有设备的型号、主要参数、母线及电缆截面等标注在图上。

三、对主接线设计的基本要求

主接线应满足可靠性、灵活性、经济性和发展性等四方面的要求。

（1）可靠性。为了向用户供应持续、优质的电力，主接线首先必须满足这一可靠性的要求。主接线的可靠性的衡量标准是运行实践，要充分地做好调研工作，力求避免决策失误，鉴于进行可靠性的定量计算分析的基础数据尚不完善的情况，充分地做好调查研究工作显得尤为重要。

主接线的可靠性不仅包括开关、母线等一次设备，而且包括相对应的继电保护、自动装置等二次设备在运行中的可靠性。不要孤立地分析一次系统的可靠性。

为了提高主接线的可靠性，选用运行可靠性高的设备是条捷径，这就要兼顾可靠性和经济性两方面，作出切合实际的决定。

（2）灵活性。电气主接线的设计，应当适应在运行、热备用、冷备用和检修等各种方式下的运行要求。在调度时，可以灵活地投入或切除发电机、变压器和线路等元件，合理调配电源和负荷。在检修时，可以方便地停运断路器、母线及二次设备，并方便地设置安全措施，不影响电网的正常运行和对其他用户的供电。

（3）经济性。方案的经济性体现在以下三个方面：

1）投资省。主接线要力求简单，以节省一次设备的使用数量；继电保护和二次回路在满足技术要求的前提下，简化配置、优化控制电缆的走向，以节省二次设备和控制电缆的长度；采取措施，限制短路电流，得以选用价廉的轻型设备，节省开支。

2）占地面积小。主接线的选型和布置方式，直接影响到整个配电装置的占地面积。

3）电能损耗小。经济合理地选择变压器的类型（双绕组、三绕组、自耦变、有载调压等）、容量、数量和电压等级。

（4）发展性。主接线可以容易地从初期接线方式过渡到最终接线。在不影响连续供电或停电时间最短的情况下，完成过渡期的改扩建，且对一次和二次部分的改动工作量最少。

第二节　发电厂变电所主接线设计

一、原始资料分析

1. 发电厂

（1）工程情况。包括发电厂类型、设计规划容量（近期、远景）和单机容量及台数。

发电机的机组容量应根据电力系统规划容量、负荷增长速度和电网结构等因素进行选择，最大机组的容量以占系统总容量的 8%～10% 为宜。一个电厂的机组其台数最好不超过 6 台，容量等级不超过两种，同容量机组应尽量选用同一型式。

发电厂的电压等级不宜多于三级。一般设置升高电压一级到两级，发电机电压一级。

（2）电厂在电力系统中的地位和作用。电力系统的发电厂分为大型枢纽电厂、中小型地区电厂和企业自备电厂等类型。大型枢纽电厂一般以 220～500kV 的电压接入超高压系统；地区电厂靠近城镇，一般接入 110～220kV 系统；企业自备电厂以向本企业供电供热为主，并与地区 35～220kV 系统相连。中小型电厂附近如果有电力用户，可通过发电机电压母线向附近用户供电。

目前，按发电厂的容量划分为：总容量在 1000MW 及以上，单机容量在 200MW 及以上的发电厂称为大型发电厂；总容量在 200～1000MW，单机容量在 50～200MW 的发电机称为中型发电厂；总容量在 200MW 以下，单机容量在 50MW 以下的称为小型发电厂。

分析该厂在系统中所处的地位，停电对系统供电的可靠性的影响，从而提出对主接线的要求。

（3）负荷情况。负荷情况在原始数据中，如负荷的性质、地理位置、输电电压等级、出

线回路数及输送容量等，在设计时必须予以分析，算出各电压等级的计算负荷。为选择主
变压器的类型、容量做准备。

（4）其他因素的影响。当地的环境、气温、海拔、污染程度、地震烈度等，都直接影
响主接线中电气设备和配电装置的选择，应予以综合考虑。掌握厂址所在地区的气象和环
境条件，为选择经济合理的厂址方案提供可靠的设计依据。

2. 变电所

（1）变电所的类型。根据变电所在电力系统中的地位和作用，可分为枢纽变电所、中
间变电所、地区变电所和终端变电所等类型。

（2）变电所在电力系统中的地位和作用。分析变电所在系统中处的地位，与系统的联
系情况，是否有穿越功率，本所停电对系统供电可靠性的影响等。

（3）其他因素的影响。分析同发电厂所述。

（4）负荷分析。分析各电压等级的负荷性质、进出线回路数、输送容量、负荷组成、
供电要求等因素。对于每一个负荷应具体分析其重要负荷所占的百分数。分别求出近期、
远景的最大计算负荷。

变电所今后将向小型化、无油化、自动化方向发展。所谓小型化指采用先进的设备
（如 GIS 设备），减少占地，从而节省建所时的土地购置费用；变电设备大多为注油设备，
这对安全运行不利，一旦设备故障，就会喷油引起火灾；另一方面，设备的渗油、漏油缺
陷对环境会造成污染，所以实现变电所无油化也是发展趋势之一；最后，实现变电所的无
人值班或少人值班对设备制造、运行监控以及通信远动等技术提出了更高的要求。

二、发电厂变电所电气主接线设计

根据任务书的要求，在分析原始资料的基础上，参照火电厂设计技术规程和变电站设
计技术规程，拟定出各电压等级的可行方案。因为发电厂、变电站在电力系统中的地位、
负荷情况、出线回路数、设备特点等条件的不同，会出现多种接线方案。

（一）主接线的基本形式和特点

有母线的主接线形式包括单母线和双母线接线。单母线又分为单母线无分段、单母线
有分段、单母线分段带旁路母线等形式；双母线又分为双母线无分段、双母线分段、带旁
路母线的双母线和二分之三接线等形式。

无母线的主接线主要有单元接线、扩大单元接线、桥
式接线和多角形接线等。

1. 单母线接线

单母线接线是一种最原始、最简单的接线，如图 4-1
所示。

单母线接线所有电源及出线均接在同一母线上。其优
点是简单明显，采用设备少，操作方便，便于扩建，造价
低。缺点是供电可靠性低。母线及母线隔离开关等任一元
件故障或检修时，均需使整个配电装置停电。

因此，单母线接线方式一般只在变电所建设初期无重
要用户或出线回路数不多的单电源小容量的厂（所）中

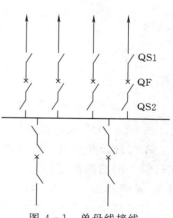

QS1

QF

QS2

图 4-1　单母线接线

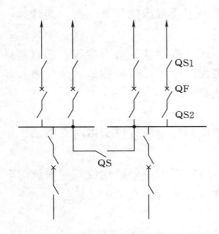

图 4-2　单母线用隔离开关分段

采用。

单母线接线也可用隔离开关分段，如图 4-2 所示。

单母线用隔离开关分段中当母线故障时，虽然全部配电装置仍需停电，但可用隔离开关将故障的母线分开后，很快恢复非故障母线段的供电。

所以单母线和用隔离开关分段的单母线接线只适用于出线回路数少的配电装置，并且电压等级越高所连接的回路数越少。6～10kV 级回路数不超过 5 回；35～60kV 级不超过 3 回；110kV、220kV 级不超过两回（如为两回时，多采用桥式接线或多角形接线）。

2. 单母线分段接线

单母线分段接线是采用断路器将母线分段，通常是分成两段，如图 4-3 所示。

单母线用断路器母线分段后可进行轮换检修，对于重要用户，可从不同段引出两个回路，当一段母线发生故障时，由于分段断路器在继电保护作用下自动将故障段迅速切除，从而保证了正常母线段不间断供电和不致使重要用户停电。

单母线分段接线既具有单母线接线简单明显、方便经济的优点，又在一定程度上提高了供电可靠性。但它的缺点是当一段母线隔离开关故障或检修时，该段母线上的所有回路都要长时间停电，所以其连接的回路数一般可比单母线增加一倍。6～10kV 级为 6 回及以上；35～60kV 级为 4～8 回；110～220kV 级为 4 回。

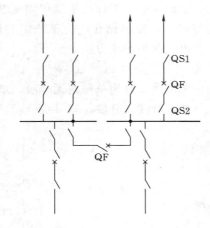

图 4-3　单母线用断路器分段

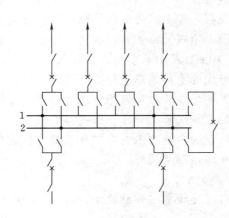

图 4-4　双母线接线

3. 双母线及双母线分段接线

单母线及单母线分段接线的主要缺点是在母线或母线隔离开关故障或检修时，连接在该母线上的回路都要在故障或检修期间长时间停电，而双母线接线则可克服这一弊端。如图 4-4 所示。

双母线接线的每一回路都通过一台断路器和两组隔离开关连接到两组母线上。母线 1

和母线 2 都是工作母线，两组母线可同时工作，并通过母线联络断路器并联运行。电源和引出线适当地分配在两组母线上。

双母线接线比单母线分段接线有如下优点：

（1）可轮换检修母线或母线隔离开关而不致供电中断。

（2）检修任一回路的母线或母线隔离开关时，只停该回路。

（3）母线故障后，能迅速恢复供电。

（4）各电源和回路的负荷可任意分配到某一组母线上，可灵活调度以适应系统各种运行方式和潮流变化。

（5）便于向母线左右任意一个方向扩建。

但双母线接线也有如下的缺点：

（1）造价高。每一回路增加了一组母线及其隔离开关，使配电装置构架数量、构架高度及占地面积增加了许多。

（2）当母线故障或检修时，隔离开关作为操作电器，在倒换操作时容易误操作。但可加装断路器与隔离开关间的联锁装置或防误操作装置加以克服。当进出线回路数或母线上电源较多，输送和穿越功率较大，母线事故后要求尽快恢复供电，母线和母线设备检修时不允许影响对用户的供电，系统运行调度对接线的灵活性有一定要求时采用双母线接线。具体条件如下：

1）出线带电抗器的 6～10kV 厂（所）配电装置及大型企业变电所的 6～10kV 配电装置。

2）对于 35～60kV 级，当出线回数较多（超过 8 回）时，或连接的电源较多，负荷较大时。

（3）对于 110～220kV 级，当出线回数为 5 回及以上时。对于 220kV 级，双母线带旁路母线接线的配电装置，有的规定认为母线分段的原则（平均每段母线接 4～5 个回路）如下：

1）当进线和出线总数为 17 回及以上时，在两组母线上设置分段断路器，成为双母线四分段的接线形式，其可靠性和运行的灵活性大为提高。

2）当进线和出线总数为 12～16 回时，在一组母线上设置分段断路器。

采用双母线分段时，装设两台母联兼旁路的断路器。

当连接的进出线回路数在 11 回及以下时，母线不分段。但如为了避免母线故障而母联断路器拒动时导致全部回路停电，可以考虑在正常运行时把母联断路器和专用旁路断路器串联使用，可起到双保险作用。

如果 110～220kV 出线回路数较多时，则：

1）330/110kV（300～500MVA）降压变电所的 110kV 配电装置，当进出线总数为 12～16 回，仍采用不分段的双母线接线。

2）500/220kV（1500MVA）降压变电所的 220kV 配电装置，当进出线回路数达 14 回时，采用三分段的双母线接线；当进出线回路数达 16 回时，采用四分段的双母线接线。平均每段母线接 4～5 个回路。

4. 旁路母线接线方式

为了保证采用单母线分段或双母线接线在断路器检修或调试保护装置时，不中断对用户的供电，需增设旁路母线。对于 110～220kV 线路，输送距离远，输送功率大，停电影响面大，一般可装设旁路母线，但如条件允许可停电检修断路器，配电装置为屋内型。采用可靠性高、检修周期长的 SF$_6$ 全封闭电器时，可不装设旁路母线。

（1）对 35～63kV 配电装置，一般不设旁路母线。但下列情况可设旁路母线：

1）网络不成环形，检修断路器时，影响对重要用户的供电。

2）出线回路数超过 8 回，断路器检修机会多。

3）重要用户虽然已具备双回路供电，但由于负荷逐年增长，已不能互为备用。

4）地理或气候条件较差时，如重冰区利用旁路母线兼作融冰母线；污秽地区配电装置清扫频繁；雷击频繁跳闸机会多的山岳区等。

5）线路负荷大，沿线分支引线多，而其中多数又为重要用户时。

（2）对 6～10kV 配电装置可不设旁路母线，但在下列情况下采用单母线分段或单母线接线时，可设置旁路母线，如：

1）出线回路很多，断路器停电检修机会多。

2）多数线路系向用户单独供电，不允许停电。

3）均为架空出线，雷雨季节时跳闸次数多，增加了断路器检修次数。

5. 双母线四分段接线

双母线带旁路母线接线在我国广泛应用于 110～220kV 高压配电装置中，已积累了丰富的运行经验。但是，由于大机组和超高压输电的采用，使这种接线有了新的发展。其主要原因是当断路器故障时将造成严重的甚至是全厂（所）停电事故。为了达到安全、可靠的要求，采用双母线分段的办法来限制故障范围。

双母线分段可分成三分段或四分段，但以四分段为宜。采用四分段后，每段母线平均连接两个回路，故障范围小，也避免了全厂（所）停电的可能。

双母线四分段接线如图 4-5 所示。

在采用双母线四分段接线时，为避免同名回路同时停电的可能性，最好不要将同名回

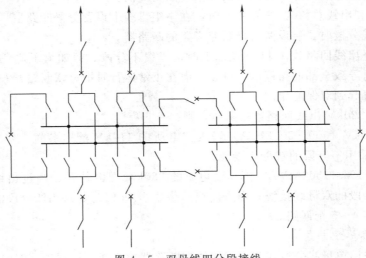

图 4-5　双母线四分段接线

路（如两个变压器回路或双回路）配置在同一侧的两段母线上，或在运行中注意使两台变压器回路或双回路不要组合在相邻的两段母线上。

双母线四分段接线能够满足大机组、超高压电气主接线可靠性的要求，它是超高压配电装置的基本接线。一般情况下无需再装设旁路母线，因为如要增设旁路母线，则占地面积庞大，倒闸操作复杂。

当采用质量达到国际先进水平的六氟化硫（SF_6）全封闭电器时，也有采用双母线不分段和不设旁路母线接线的。

6. 一台半断路器接线（二分之三接线）

一台半断路器接线是从双母线双断路器接线改进而发展成的。因为双母线双断路器接线的投资很大，造价很高；同时，一台半断路器接线仍具有很高可靠性和调度的灵活性，是现代国内外大型发电厂和变电所超高压配电装置应用最为广泛的一种典型接线，如图4-6所示。其优点如下：

（1）运行调度灵活。正常时两条母线和全部断路器均投入工作，从而形成多环状供电。

（2）操作检修方便。隔离开关仅作检修隔离电源用，避免了将隔离开关作操作用的大量倒闸操作。当任一组母线或任一台断路器停电检修时，各回路无需进行切换。

（3）具有调度可靠性。每一回路由两台断路器供电，发生母线故障时，只需跳开与此母线相连的所有断路器，任何回路不停电。在事故与检修相重合情况下的停电回路不会多于两回。

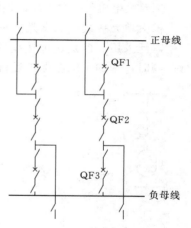

图4-6 一台半断路器的接线

采用一台半断路器接线与采用双母线带旁路母线接线相比，当断路器检修时，其一次回路和二次回路都不需要进行带旁路的倒闸操作。

一台半断路器接线的缺点是：由于每个回路连接着两台断路器，一台中间联络断路器连接着两个回路，使继电保护及二次回路复杂化。

一台半断路器接线与双母线四分段接线是超高压配电装置的两种主要接线，必须对这两种接线进行比较，结合各工程的具体情况，对照它们的优点加以选用。一台半断路器接线的优点（与双母线四分段接线比较）如下：

（1）可靠性高。在检修和故障相重合时，停运回路不超过两回。

（2）调度灵活。成环状供电时，可断开任一断路器而不影响供电。

（3）倒闸操作方便。隔离开关只作为检修电器而不作操作电器；检修断路器时，无需进行任何带旁路母线操作。

（4）占地面积小，约为双母线四分段带旁路母线接线的50%～70%。

但是，一台半断路器接线使继电保护及二次回路较为复杂。

7. 单元接线

单元接线是最简单的接线。它的特点是几个元件直接单独连接，没有横向的联系，单元接线的基本类型有下列几种：

（1）发电机—变压器组单元接线。为了便于发电机或变压器单独进行试验等工作，在它们之间加装一组隔离开关，如图4-7（a）所示。该接线适用于没有直配负荷的电厂及小型水电厂。

图4-7（b）所示接线也是发电机与变压器的单元接线，变压器为三绕组，增加一个输出电压等级。

单机容量大于等于200MW以上时，发电机与变压器之间不采用断路器的接线方式，如图4-7（c）所示。

（2）扩大单元接线。扩大单元接线如图4-8所示。

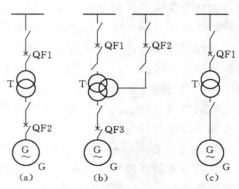

图4-7　发电机与变压器的单元接线
（a）方式一；（b）方式二；（c）方式三

两台发电机与一台变压器连接，每台发电机出口均装有断路器，便于检修和处理缺陷。

扩大单元接线的优点是简单明显，占地面积小，设备少，投资省，因此在大、中型电厂中广泛采用。但是这种接线的灵活性差，例如检修变压器时要迫使两台发电机停止运行；同时，增加了继电保护运行的复杂性。

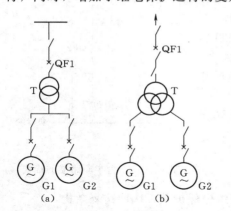

图4-8　扩大单元接线
（a）方式一；（b）方式二

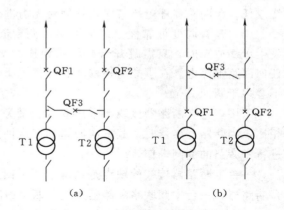

图4-9　内桥和外桥式接线
（a）内桥；（b）外桥

8. 桥式接线

当有两台变压器和两条线路时，在变压器—线路接线的基础上，在其中间加一连接桥，则成为桥式接线，如图4-9所示。

桥式接线按照连接桥断路器的位置，可分为内桥和外桥两种接线。桥式接线中，四个回路只有三台断路器，所用的断路器数量最少，也是最经济的接线。

内桥式接线的特点是连接桥断路器在变压器侧，其他两台断路器接在线路上。因此，线路的投入和切除比较方便，并且当线路发生短路故障时，仅故障线路的断路器跳闸，不影响其他回路运行。但是，当变压器故障时，则与该变压器连接的两台断路器都要跳闸，从而影响了一回未发生故障线路的运行。此外，变压器的投入与切除的操作比较复杂，需投入和切除与该变压器连接的两台断路器，也影响了一回未故障线路的运行。鉴于变压器属于可靠性高的设备，故障率远较线路小，一般不经常切换，因此系统中应用内桥式接线的较为普遍。

外桥式接线的特点恰好与内桥式接线相反，连接桥断路器接在线路侧，其他两台断路器接在变压器回路中。所以，当线路故障和进行投入或切除操作时，需操作与之相连的两台断路器，并影响一台未故障变压器的运行。但当变压器故障和进行切除操作时，不影响其他回路运行。故外桥接线只适用于线路短，检修和倒闸操作以及设备故障率均较小，而变压器由于按照经济运行的要求需要经常切换的情况。此外，当电网有穿越性功率经过变电所时，也有采用外桥式接线的，因为穿越性功率仅经过连接桥上的一台断路器。

为了在检修出线和变压器回路中的断路器时不中断线路和变压器的正常运行，有时再在桥型接线中附加一个正常工作时断开的带隔离开关的跨条。在跨条上装设两台隔离开关的目的是可以轮换停电检修任何一组隔离开关。

桥式接线可发展成为单母线分段或双母线接线，但需设计好预留今后发展时增加的间隔位置，同时扩建时继电保护和二次回路更改较多，需在设计时采取措施。

9. 多角形接线

将断路器首尾相连闭合成环运行，在两个断路器间接入回路，所用的断路器台数和回路数相等。由于各回路可从两个方向实现联络，故其接线的可靠性是较高的。四角形接线见图 4-10。

角形接线不适合今后发展和扩建的要求，所以一般多用在最终接线不变动的场所。

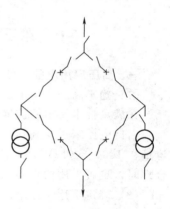

图 4-10　四角形接线

（二）发电厂

发电机电压母线可采用单母线分段或双母线分段的接线方式。

每段上的发电机容量为 12MW 及以下时，可采用单母线分段接线；每段上的发电机容量为 24MW 及以上时，可采用双母线分段接线。

当发电机电压母线的短路电流超过断路器开断电流允许值时，可在母线分段回路安装电抗器，如仍不能满足要求时，可在电缆馈线上安装电抗器。

发电机与三绕组变压器为单元接线时，在发电机与变压器之间宜装设断路器和隔离开关，厂用分支线应接在变压器与该断路器之间。

对 35~110kV 配电装置的接线方式，应按发电厂在电力系统中或该地区的地位、负荷情况、出线回路数等条件确定。

35kV、110kV 侧，可采用单母线、单母线分段、双母线或增设旁路母线的接线。

（三）变电站

变电站的主接线，应满足供电可靠、运行灵活、操作检修方便、节约投资和便于扩建等要求。

35~110kV 线路为两回及以下时，宜采用桥形、线路变压器组等接线。超过两回时，宜采用分段单母线的接线。35~60kV 线路为 8 回及以上时，亦可采用双母线接线。110kV 线路为 6 回及以上时，宜采用双母线接线。

在采用分段单母线或双母线的 35~110kV 主接线中，当不允许停电检修断路器时，可设置旁路母线。

当有旁路母线时，首先宜采用分段断路器或母联断路器兼作旁路断路器的接线。当110kV 线路为 6 回及以上，35～60kV 线路为 8 回及以上时，可装设专用的旁路断路器。主变压器 35～110kV 回路中的断路器，有条件时亦可接入旁路母线。采用 SF₆ 断路器的主接线不宜设旁路母线。

当变电站装有两台主变压器时，6～10kV 侧宜采用分段单母线。线路为 12 回及以上时，亦可采用双母线。当不允许停电检修断路器时，可设置旁路母线。

当 6～35kV 配电装置采用手车式高压开关时，不宜设置旁路母线。

对每一电压等级所选的方案列表进行分析，详细比较可靠性和灵活性，再对方案的经济性作定性和定量分析。经过经济比较，选出适合该发电厂或变电所的主接线方案。

第三节   高压厂用电和所用电设计

一、高压厂用电的设计

（1）确定高压厂用电压等级。火力发电厂采用 3kV、6kV 或 10kV 作为高压厂用电压。在满足技术要求的前提下，优先考虑采用较低的电压。电压等级的确定，从发电机容量和出口电压来说，高压厂用电压级的选择，对容量在 60MW 及以下时，可采用 3kV；容量在 100～300MW 时，宜采用 6kV；发电机容量在 300MW 以上，在技术上和经济上合理时，也可采用两种高压厂用电压级，如 3kV 和 10kV。

（2）确定厂用工作电源、备用电源及其引接方式。发电厂的厂用负荷按其对供电的重要程度，可分为一类负荷、二类负荷、三类负荷和事故保安负荷。对一类负荷除要保证供电的可靠性外，还要满足自启动的要求。厂用负荷按运行方式可分为经常连续、经常短时、经常断续、不经常连续、不经常短时和不经常断续等六种类型。按照教科书上介绍的计算方法，可得到厂用计算负荷，作为选择厂用高压变压器容量的依据之一，最后校验厂用电动机自启动时的母线残余电压是否满足要求。若不能满足条件，考虑采取加大变压器的容量、减少参加自启动的电动机的数量或将自启动的电动机分组启动及改变电动机的启动特性等措施，改善电动机的自启动条件。

（3）确定高压厂用电接线形式。火力发电厂的厂用电系统均采用单母线按炉多分段的形式，以满足可靠性和灵活性的要求。

二、所用电的设计

（1）确定所用变压器的台数。一般的变电所，均装设两台所用变压器，以满足整流操作电源、强迫油循环变压器、无人值班等的需要。另外，如果能够从变电所外引入可靠的 380V 备用电源时，变电所可以只装设一台所用变压器。

（2）确定所用变压器的容量。根据所用负荷的统计和计算，并考虑今后负荷的发展，选用合适的变压器的容量。

（3）确定所用变压器电源的引接方式。当变电所内有较低电压母线时，一般从这类母线引接电源，这种引接方式具有经济和可靠性较高的特点。如能在两个不同电压等级的母线上分别引用所用电源，则供电可靠性更高。

第四节 配电装置图的绘制

表示配电装置的实际布置，是由配置图、平面布置图和断面（剖面）图来表示的。画好这三类图，就能很好地理解和掌握电气设备布置的位置和要求，为日后走上运行和设计岗位时的读图、识图以及绘图打好坚实的基础。

配电装置应满足以下要求：

（1）配电装置的设计应符合国家的技术经济政策和电力工程设计规范的要求。

（2）根据配电装置在系统中的地位、作用和环境等条件，合理地选型。

（3）便于运输、安装、检修和操作。

（4）少占土地、节省三材，减小投资。

充分考虑今后的扩建需要，为发展留有余地。

一、最小安全净距

配电装置的尺寸大小，与设备尺寸、安装方式、运行维护要求和绝缘距离等多种因素决定的。但最基本的距离就是空气中的最小安全净距，在这距离下，任何正常最高工作电压和过电压均不能将该间隙击穿。屋内、屋外配电装置的安全净距值见表 4-1 和表 4-2。

表 4-1 　　　　　　　　　　屋内配电装置的安全净距值（mm）

符号	适 用 范 围	额 定 电 压 (kV)							
		3	6	10	35	60	110J	110	220J
A_1	（1）带电部分至接地部分之间； （2）网状和板状遮栏向上延伸线距离地 2.3m 处，与遮栏上方带电部分之间	75	100	125	300	550	850	950	1800
A_2	（1）不同相的带电部分之间； （2）断路器和隔离开关的断口两侧带电部分之间	75	100	125	300	550	900	1000	2000
B_1	（1）栅状遮栏至带电部分之间； （2）交叉的不同时停电检修的无遮栏带电部分之间	825	850	875	1050	1300	1600	1700	2550
B_2	网状遮栏至带电部分之间	175	200	225	400	650	950	1050	1900
C	无遮栏裸导体至地或楼面之间	2500	2500	2500	2600	2850	3150	3250	4100
D	平行的不同时停电检修的无遮栏裸导体之间	1875	1900	1925	2100	2350	2650	2750	3600
E	通向屋外的出线套管至屋外通道的路面	4000				4500	5000	5000	5500

注 1. 110J、220J 是指中性点直接接地系统。

2. 当遮栏为板状时，其 B_2 值可取为 $A_1 + 30$mm。

3. 通向屋外配电装置的出线套管外侧为屋外配电装置时，其至屋外地面的距离，不应小于屋外部分 C 值。

4. 屋内电气设备外绝缘体最低部位距地距离小于 2.3m 时，应装设固定遮栏。

5. 本表不适用成套配电装置。

二、配电装置的图示法

1. 配电装置的配置图

配置图能表达整个升压站或降压站设备的内容和布置，其中的设备不按比例画出，但便于统计每个间隔或整个配电装置采用的主要电气设备，如图4-11所示。

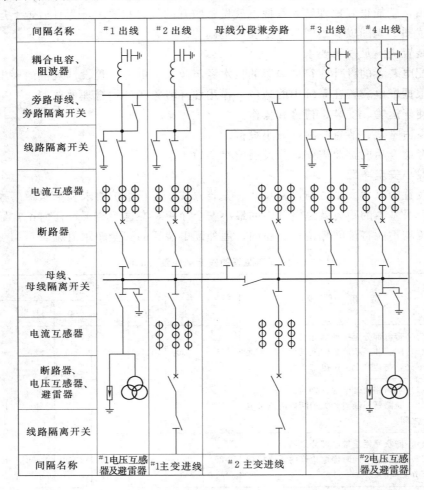

图 4 - 11 110kV 配电装置配置图例

表 4 - 2　　　　　　　　　　屋外配电装置的安全净距值（mm）

符号	适　用　范　围	额　定　电　压（kV）				
		3～10	35	110J	110	220J
A_1	(1) 带电部分至接地部分之间； (2) 网状遮栏向上延伸线距离地 2.5m 处，与遮栏上方带电部分之间	200	400	900	1000	1800
A_2	(1) 不同相的带电部分之间； (2) 断路器和隔离开关的断口两侧带电部分之间	200	400	1000	1100	2000

续表

符号	适　用　范　围	额　定　电　压（kV）				
		3～10	35	110J	110	220J
B_1	（1）设备运输时，其外廓至无遮栏带电部分之间； （2）交叉的不同时停电检修的无遮栏停电检修的无遮栏带电部分之间； （3）栅状遮栏至带电部分之间； （4）带电作业时的带电部分至接地部分之间	950	1150	1650	1750	2550
B_2	网状遮栏至带电部分之间	300	500	1000	1100	1900
C	（1）无遮栏裸导体至地面之间； （2）无遮栏裸导体至建筑物顶部之间	2700	2900	3400	3500	4300
D	（1）平行的不同时停电检修的无遮栏裸导体之间； （2）带电部分与建筑物的边沿部分之间	2200	2400	2900	3000	3800

注　1. 110J、220J 是指中性点直接接地系统。

2. 带电作业时，不同时或交叉的不同回路带电部分之间的 B 值可取为 $A_1+750\text{mm}$。

3. 本表不适用成套配电装置。

2. 平面布置图

平面图是按比例画出房屋、间隔、走廊、道路等的平面布置轮廓。注意，平面图上的间隔只是为了确定间隔的数目和布置的方位，不必画出其中所装的设备，如图 4-12 所示。

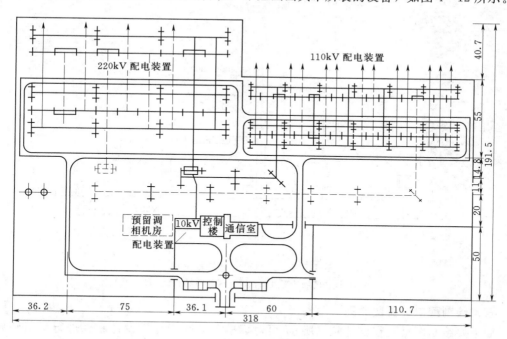

图 4-12　220kV 配电装置平面布置图例

3. 剖面图

剖面图又称断面图，是表明所取配电装置的间隔作为剖面，按比例画出剖面中各设备的相互连接及具体布置的结构图，见图 4-13 和图 4-14。

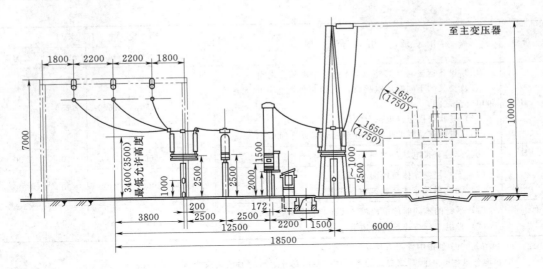

图 4-13　110kV 配电装置断面图例

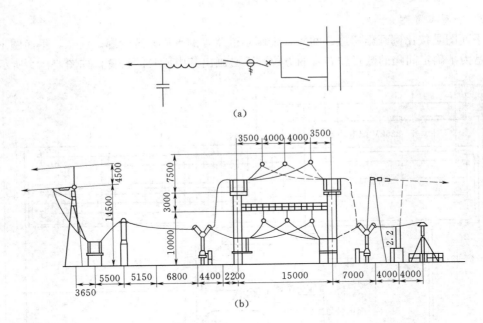

图 4-14　220kV 配电装置图例

(a) 线路间隔的配置图；(b) 线路间隔的断面图

三、绘制配电装置图原则

如果要绘制图纸，在设计院（所），可对标准设计图用专用设计软件进行套用和局部修改即可。主要的设计及绘图原则为：

（1）在屋外配电装置中，电气设备多采用高式布置，即把设备安装在金属构架或混凝土基础上，以便运行和检修人员在带电设备下工作，因此基础高度一般在 2～2.5m，以保证具有大于最小安全净距的尺寸。如果用碳化硅阀型避雷器或磁吹避雷器，则作低式布置，即围栏内作高约 10cm 的地坪，以免长草和防止积水。

（2）电缆沟的走向。一般横向电缆沟布置在断路器与隔离开关之间，大型变电所的纵向电缆沟可分为两路。对电缆沟的布置，总的要求是：能使控制电缆方便地引到所需连接的设备处，并尽可能使路径最短，从而缩短控制电缆的长度，节省投资。

（3）屋外配电装置应设置 0.8～1.0m 的巡视小道，以便运行人员对电气设备及装置的检查巡视，其中作为电缆沟上的盖板，可作为巡视小道的一部分。

（4）配电装置内，为了运输和消防的要求，应在主设备旁铺设行车道路。对大、中型变电所内，一般都要铺设至少 3m 宽的环形行车道路。

第五节　电力系统中性点运行方式

众所周知，发电机和变压器是构成电力系统必不可少的重要电器元件。发电机和变压器高压侧三相绕组通常接成星形（Y），其绕组的公共连接点称为电力系统的中性点。

中性点运行方式的确定是一个综合性的问题。它与电压等级、单相接地短路电流、过电压水平、保护配置等有关，直接影响电网的绝缘水平、系统供电可靠性、主变压器和发电机的运行安全以及时通信线路的干扰等。

一、中性点运行方式

中性点运行方式可分为中性点非直接接地和直接接地两大类型。

1. 中性点非直接接地（一般 6～63kV 电网采用）

（1）中性点不接地。此接地方式最简单，单相接地时允许带故障运行 2h，供电连续性好，接地电流仅为线路及设备的电容电流。但由于非故障相电压升高为线电压，电气设备对地绝缘水平需按线电压考虑，即要求有较高的绝缘水平，从而不宜用于 110kV 及以上的电压。在 6～63kV 电网中，若采用中性点不接地形式，其电容电流不能超过 30A（6～10kV 电网）或 10A（20～63kV 电网），否则接地电弧不易自熄，易产生较高的弧光间歇接地过电压，波及整个电网。

（2）中性点经消弧线圈接地。当接地电容电流超过上述允许值时，可采用消弧线圈抵消电容电流，从而保证接地电弧瞬时熄灭，以消除弧光间歇接地过电压。

（3）中性点经高电阻接地。当接地电容电流超过允许值时，也可采用中性点经高电阻接地的方式。此接地方式和经消弧线圈接地方式相比，改变了接地电流的相位，加速泄放回路中的残余电荷，促使接地电弧自熄，从而降低弧光间歇接地过电压，同时可提供足够的电流和零序电压，使接地保护可靠动作，一般用于大型发电机中性点。

2. 中性点直接接地（一般 110kV 及以上电网采用）

中性点直接接地方式的单相短路电流很大，线路或设备须立即切除，增加了断路器负担，降低了供电可靠性，但由于非故障相电压不升高使过电压水平较低，对地绝缘水平可下降，从而减少了设备和线路的造价，特别是对高压和超高压电网，其经济性显著。

但需注意的是，对雷电活动较强的山岳、丘陵地区，结构简单的 110kV 电网，若采用直接接地方式不能满足安全供电要求并对联网影响不大时，则可采用中性点经消弧线圈接地方式。

二、中性点非直接接地系统单相接地电容电流的计算

计算时应计及有电气连接的所有架空线路、电缆线路、发电机、变压器以及母线和电器的电容电流，并考虑电网 5～10 年的发展。

1. 架空线路的电容电流

一般估算为

$$I_C = (2.7 \sim 3.3)U_N L \times 10^{-3} \quad (\text{A}) \tag{4-1}$$

式中　　　　　L——线路长度，km；

2.7～3.3——系数，其中 2.7 适用于无架空地线的线路；3.3 适用于有架空地线的线路。

对于同杆架设双回线路，电容电流为单回线的 1.3～1.6 倍。

2. 电缆线路的电容电流

可估算为

$$I_C = 0.1 U_N L \quad (\text{A}) \tag{4-2}$$

6～35kV 电缆线路的单相接地电容电流还可采用表 4-3 的数值。

表 4-3　　　　　6～35kV 电缆线路电容电流（A/km）

U_N(kV) S（mm^2）	6	10	35	U_N(kV) S（mm^2）	6	10	35
10	0.33	0.46	—	95	0.82 (0.98)	1.0	4.1
16	0.37	0.52	—	120	0.89 (1.15)	1.1	4.4
25	0.46	0.62	—	150	1.1 (1.33)	1.3	4.8
35	0.52	0.69	—	185	1.2 (1.5)	1.4	5.2
50	0.59	0.77	—	240	1.3 (1.7)	—	—
70	0.71	0.9	3.7				

注　括号中为实测数值。

3. 变电所增加的接地电容电流

对于变电所母线增加的电容电流见表 4-4。

表 4-4　　　　　变电所增加的接地电容电流

额定电压（kV）	6	10	15	35	63	110
附加值（%）	18	16	15	13	12	10

三、消弧线圈的选择

1. 参数及型式的选择

消弧线圈应按表 4-5 所列技术条件选择，并按表中使用环境条件校验。

消弧线圈一般选用油浸式。装设在屋内相对湿度小于 80％场所的消弧线圈，也可选用干式。

2. 容量的确定

消弧线圈的补偿容量可计算为

$$Q = KI_c \frac{U_N}{\sqrt{3}} \qquad (4-3)$$

式中　K——系数，过补偿取 1.35，欠补偿按脱谐度确定。

在容量的确定时还应注意以下问题：

（1）为了便于运行调谐，选用的容量宜接近于计算值。

（2）装在变压器以及有直配线的发电机中性点的消弧线圈应采用过补偿方式。在正常情况下脱谐度一般不大于 10%（脱谐度 $v = \dfrac{I_c - I_L}{I_c}$，其中 I_L 为消弧线圈电感电流）。

（3）对于采用单元连接的发电机中性点的消弧线圈，为了限制电容耦合传递过电压以及频率变动等对发电机中性点位移电压的影响，一般采用欠补偿方式。在正常情况下脱谐度不宜超过 ±30%。

表 4-5　　消弧线圈的参数选择

项　　目	参　　　　数
技术条件	电压、频率、容量、补偿度、电流分接头、中心点位移电压
环境条件	环境温度、日温差[①]、相对湿度[②]、污秽[①]、海拔高度、地震烈度

[①] 在屋内使用时，可不校验。
[②] 在屋外使用时，可不校验。

3. 分接头的选择

消弧线圈应避免在谐振点运行。一般需将分接头调谐到接近谐振点的位置，以提高补偿成功率。

消弧线圈的分接头数量应满足调节脱谐度的要求，接于变压器的一般不小于 5 个，接于发电机的最好不低于 9 个。

4. 中性点位移校验

中性点长时间的电压位移不应超过下列数值：

（1）中性点经消弧线圈接地的电网 $15\% \dfrac{U_0}{\sqrt{3}}$。

（2）中性点经消弧线圈接地的发电机 $10\% \dfrac{U_0}{\sqrt{3}}$。

U_0 表示中性点位移电压，其数值可计算为

$$U_0 = \frac{U_{bd}}{\sqrt{d^2 + v^2}} \qquad (4-4)$$

式中　U_{bd}——消弧线圈投入前，发电机或电网的中性点不对称电压值，一般取 0.8% 相电压；

　　　d——阻尼率，一般对 63～110kV 架空线路取 3%，35kV 及以下架空线路取 5%，电缆线路取 2%～4%；

　　　v——脱谐度。

5. 安放位置选择

（1）在任何运行方式下，大部分电网不得失去补偿。不应将多台消弧线圈集中安装在一处并应尽量避免在电网仅安装一台消弧线圈。

（2）在变电所中，消弧线圈一般装在变压器的中性点上，6～10kV 消弧线圈也可装在调相机的中性点上。

　　（3）安装在 YN，d 接线的双绕组变压器或 YN，yn，d 接线三绕组变压器中性点上的消弧线圈的容量，不应超过变压器三相总容量的 50%，并且不得大于三绕组变压器任一绕组容量。

　　（4）如将消弧线圈接于 YN，y 接线的变压器中性点，其容量不应超过变压器额定容量的 20%。

　　（5）消弧线圈不应装在三相磁路互相独立，零序阻抗甚大的 YN，y 接线的变压器中性点上（例如单相变压器组）。

　　（6）如变压器无中性点或中性点未引出，应装设专用接地变压器。其容量应与消弧线圈的容量相配合，并采用相同的定额时间（例如 2h），而不是连续时间。接地变压器的特性要求是：零序阻抗低，空载阻抗高，损失小。

　　（7）在发电厂，发电机电压的消弧线圈可装在发电机中性点上，也可装在厂用变压器中性点上；当发电机与变压器为单元连接时，消弧线圈应装在发电机中性点上。

　　发电机为双 Y 绕组，且中性点分别引出时，仅在其中一个 Y 绕组的中性点上连接消弧线圈，而不能将消弧线圈同时连接在两个 Y 绕组的中性点上，否则会将两个中性点之间的电流互感器短路。对于双轴机组，同样，仅在其中一台机组的中性点连接消弧线圈已足够，因为双轴机组的线端已有电气联系。

四、中性点直接接地系统接地点的选择

　　在中性点直接接地系统中，变压器的接地台数及接地点的选择应根据继电保护和通信干扰等方面的要求确定，但在编制远景短路电流计算阻抗图时，可按以下原则考虑：

　　（1）凡是自耦变压器，其中性点应直接接地或经小阻抗接地。

　　（2）凡是中、低压侧有电源的升压站和降压变电所至少应有一台变压器直接接地。

　　（3）选择接地点时应保证任何故障形式都不应使电网解列成为中性点不接地系统。双母线接线接有两台及以上主变压器时，可考虑两台主变压器中性点接地。

　　（4）终端变电所的变压器中性点一般不接地。

　　（5）变压器中性点接地点的数量应使电网所有短路点的综合零序电抗与综合正序电抗之比 $\dfrac{x_0}{x_1}<3$，以使单相接地时健全相上工频过电压不超过阀型避雷器的灭弧电压，尚应使 $\dfrac{x_0}{x_1}>1\sim1.5$，以使单相接地短路电流不超过三相短路电流。

　　（6）所有普通变压器的中性点都应经隔离开关接地，以便于运行调度灵活选择地点。当变压器中性点可能断开运行时，若该变压器中性点绝缘不是按线电压设计，应在中性点装设避雷器保护。

第五章 导体和电气设备的选择与设计

第一节 发 热 计 算

任何载流导体或电器自身存在有功损耗，其有功损耗将变为热能，使导体温度升高。我们根据电力系统中导体的运行工作情况，分长期发热和短路发热来分别计算。之所以如此划分，是因为导体和材料的机械和绝缘性能，不仅取决于温度高低，而且决定于被加热的时间。

一、高温升对电气设备的影响

1. 影响电气设备的绝缘寿命

在高温和电场等因素作用下，绝缘材料会逐渐老化。如果在使用中，实际温度超过了电器所规定的最高允许温度时，其老化速度将加快，轻者缩短其正常使用寿命，重者起火烧毁。

2. 影响导体的接触部分的导电性能

导体表面的金属氧化物的电阻率较其金属自身的电阻率高许多倍，温度过高，导体表面的氧化速度加快，使金属氧化物增多，另外，温度过高，导体的退火效应也使导体间的压力下降，导致接触部分的接触电阻增大，功率损耗增大，又促使导体的温度进一步上升，如此恶性循环，造成严重事故。因此，导线接头部分是导体和电器的故障多发区。

3. 降低导体的机械强度

金属材料的使用温度超过一定数值之后，其机械强度会明显下降，直接影响电器的安全运行。

导体和电器中，只要流过电流，就会产生热量而使其温度上升。由于正常运行时的导体发热与短路电流流过时的短时发热，对导体或电器的影响是不同的，必须分别加以分析计算。

二、导体和电气设备载流量的确定

导体和电气设备在正常运行时，流过的电流是负荷电流，其电流在导体中产生的欧姆发热与向周围环境散发的热量经过一段时间后，达到动态平衡，其温度不再升高。我们只要校验正常运行时的发热温度，不超过允许值。一般铝和铜的长期允许发热温度为 70℃，如果加强导体连接部分的接触导电性能，能使允许温度提高一些。

注意到，产品样本中给出的允许载流量，是在某一基准环境温度下的允许值。如果使用地的实际环境温度不同于基准环境温度时，要对载流量进行修正。例如，室外气温 25℃时，LJ—70 的载流量为 256A；如果环境温度为 30℃，则载流量为

$$K_\theta \times 256 = 0.94 \times 256 = 240.64 \text{ (A)}$$

式中 K_θ——温度修正系数，可查导线的允许载流量的温度修正系数表 5-1。

表 5-1　　　　　　　　　　　常用导线的允许载流量的温度修正系数 K_θ

导体最高允许温度（℃）	适　用　范　围	实际工作温度（℃）						
		+20	+25	+30	+35	+40	+45	+50
+70	屋内的矩形、槽形、管形导体和不计日照的屋外软导体	1.05	1.00	0.94	0.88	0.81	0.74	0.67
+80	计及日照的屋外软导体	1.05	1.00	0.95	0.89	0.83	0.76	0.69

K_θ 也可通过计算得到，即

$$K_\theta = \sqrt{\frac{\theta_y - \theta}{\theta_y - \theta_0}} \qquad\qquad (5-1)$$

式中　θ_y——导体的允许持续发热温度，℃；

　　　　θ_0——基准环境温度，℃；

　　　　θ——实际环境温度，℃。

三、短路时的发热校验

电力系统中发生短路，就会有比正常的负荷电流大许多倍的短路电流流过导体或设备，这时，导体的温度就会急剧地上升，由于电力系统都装设了继电保护装置，在短时内把短路电流切除，因而发热的时间很短，因此称为短时发热。

当然，我们可以根据热量平衡方程式来求出导体上升到的最高温度，使铝材短时发热温度不超过 200℃，铜材短时发热温度不超过 300℃。虽然能计算出导体或设备的最高发热温度，但这样计算，工作量非常大。通常以下面几种方法来校验：

（1）对导体，我们用最小热稳定截面 S_{min} 与实际导体的截面 S 对比，如果实际导体的截面不小于最小热稳定截面（即 $S \geqslant S_{min}$），说明能满足热稳定的条件；相反，如果 $S < S_{min}$ 就得采用截面积更大的导体。

（2）对设备的热稳定校验来讲，由于设备的结构等均已固定，通常用短路电流通过其内部产生的热效应 Q_k 与其允许的热效应 Q_y 相比较，如果 $Q_k < Q_y$ 则合格。

（3）在短路时的发热效应计算中，关键是计算短路电流的热效应 Q_k，工程中一般采用实用计算法。我们知道，短路电流分为周期分量和非周期分量电流，分别求出周期分量和非周期分量电流分量的热效应是简单而方便的。其中：

1）周期分量的热效应为

$$Q_p = \frac{I''^2 + 10I_{p(\frac{t}{2})}^2 + I_{p(t)}^2}{12}t \qquad\qquad (5-2)$$

2）非周期分量的热效应为

$$Q_{ap} = TI''^2 \qquad (5-3)$$

式中　T——非周期分量电流发热的等效时间，s，其值可由表 5-2 查得。

表 5-2　非周期分量电流发热的等效时间 T

短　路　点	T（s）	
	$t \leqslant 0.1s$	$t > 0.1s$
厂用电回路	0.02	
一般高压电路	0.05	
发电机及其母线	0.08	0.095

实际工程计算中，如果短路电流切除时间 $t > 1s$，导体的发热主要由周期分量决定，在此情况下可以不计非周期分量的影响，$Q_k \approx Q_p$。

第二节　电 动 力 计 算

只要载流导体位于磁场中,便会受到力的作用,特别当电力系统短路时,导体中通过的是很大的短路电流,导体遭受的电动力作用非常大。如果导体机械强度不够,就要发生变形或损坏。所以为了使导体和电器设备安全运行,进行电动力的分析计算是必不可少的一环。

因配电装置中,导体大都是平行布置的,在分析三相系统之前,我们首先分析两条无限细长平行导体之间的电动力,并考虑导体的尺寸和形状对电动力大小的影响,然后分析三相系统中发生短路时的电动力大小。

一、两条导体间电动力的方法

两条导体间的电动力计算公式,既是推出三相系统中导体受力的基础,同时也是配电装置设计中,采用每相多条导体时计算条间受力的方法。理论上的电动力为

$$F = 2 \times 10^{-7} i_1 i_2 \frac{L}{a} \quad (\text{N}) \tag{5-4}$$

式中　　a——平行导体 1 和 2 的中心距离,m;

　　i_1、i_2——两条导体中流过的电流,A;

　　L——导体长度,m。

考虑导体尺寸和形状的因素时,常乘以形状系数 K_f。形状系数表示实际形状导体所受的电动力,与细长导体电动力之比。这样实际电动力为

$$F = K_f \left(2 \times 10^{-7} i_1 i_2 \frac{L}{a} \right) \quad (\text{N}) \tag{5-5}$$

形状系数 K_f 已制成图表,可直接查找。图 5-1 为矩形和槽形母线截面形状系数 K_f 曲线。

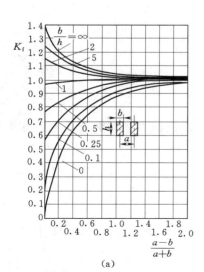

截面尺寸 (mm×mm×mm) 高 h ×宽 b ×厚 c	形　状　系　数			
	$K_{1-3'}$	$K_{1-2'}$	$K_{1-1'}$	$K_{2-2'}$
75×35×4	0.4465	0.8151	1.0418	0.9224
75×35×5.5	0.446	0.81	1.0395	0.9925
100×45×4.5	0.3678	0.78	1.0562	0.898
100×45×6	0.3661	0.7752	1.054	0.9273
125×55×6.5	0.3161	0.7503	1.0675	0.8945
150×65×7	0.2825	0.7318	1.0798	0.8839
175×80×8	0.2757	0.7338	1.096	0.8874
200×90×10	0.2534	0.7179	1.1045	0.8797
200×90×12	0.2514	0.7136	1.1025	0.8783
225×105×12.5	0.25	0.7184	1.1166	0.8822
250×115×12.5	0.237	0.71	1.1253	0.8792

(a)　　　　　　　　　　　　　(b)

图 5-1　母线截面形状系数 K_f

(a) 矩形截面;(b) 槽形截面

二、三相系统中短路时导体电动力的计算

三相系统中短路时，中间相和外边相受力的情况不一样。工程上常用到三相电动力的最大值为

$$F_{\text{max}} = 1.732 \times 10^{-7} i_{\text{m}}^2 \frac{L}{a} K_{\text{f}} \quad (\text{N}) \tag{5-6}$$

式中　i_{m}——短路冲击电流，A。

该最大受力，是指三相导线平行或垂直布置在一平面时，三相短路时，中间相的受力，如果三相导体正三角形布置，则三相导体的最大受力均为该值。

三、导体振动的动态应力

导体及其支架都具有质量和弹性，组成一个弹性系统。当受到一次外力作用时，就按

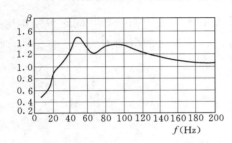

图 5-2　动态应力修正系数 β

一定频率在平衡位置上下运动，形成固有振动，其频率称为固有频率。由于受到摩擦和阻尼作用，振动会逐渐衰减。若导体受到电动力的持续作用而发生振动，便成强迫振动，出现共振现象，甚至能使导体及其构架损坏，所以在设计时应避免发生共振。

凡连接发电机主变压器以及配电装置中的导体均属于重要回路，这些回路需考虑共振影响。

对于动态应力的考虑，一般是采用修正静态应力计算法，即在原最大电动力 F_{max} 上乘以动态应力修正系数 β，先求取母线系统的一阶固有频率，见式 5-7 和图 5-2。

$$f_1 = \frac{N_{\text{f}}}{L^2} \sqrt{\frac{EI}{m}} \tag{5-7}$$

式中　L——母线绝缘子的跨距，m；

$\quad N_{\text{f}}$——频率系数；

$\quad E$——导体材料的弹性模量，Pa；

$\quad I$——导体材料的断面二次距，m^4；

$\quad m$——导体单位长度的质量，kg/m。

为了避免导体产生危险的共振，对于重要的导体，应使其固有频率在下述范围以外。其中：

（1）单条导体及一组中的各条导体，$35 \sim 135\text{Hz}$。

（2）多条导体及引下线的单条导体，$35 \sim 155\text{Hz}$。

（3）槽形和管形导体，$30 \sim 160\text{Hz}$。

如果固有频率在上述范围以外，可取 $\beta = 1$。若在上述范围以内，则电动力应乘上动态应力系数 β。于是

$$F_{\text{max}} = 1.732 \times 10^{-7} i_{\text{m}}^2 \frac{L}{a} K_{\text{f}} \beta \tag{5-8}$$

第三节　电气设备的选择原则

电气装置中的载流导体和电气设备，在正常运行和短路状态时，都必须安全可靠地运行。为了保证电气装置的可靠性和经济性，必须正确地选择电气设备和载流导体。各种电气设备选择的一般程序是：先按正常工作条件选择出设备，然后按短路条件校验其动稳定和热稳定。

电气设备和载流导体的选择设计，必须执行国家的有关技术经济政策，并应做到技术先进、经济合理、安全可靠、运行方便和为今后的发展扩建留有一定的余地。

一、电气设备选择的一般要求

（1）应满足各种运行、检修、短路和过电压情况的运行要求，并考虑远景发展。

（2）应按当地环境条件（如海拔、大气污染程度和环境温度等）校核。

（3）应力求技术先进和经济合理。

（4）与整个工程的建设标准应协调一致。

（5）同类设备应尽量减少品种，以减少备品备件，方便运行管理。

（6）选用的新产品均应有可靠的试验数据，并经正式鉴定合格。在特殊情况下，选用未经正式鉴定的新产品时，应经上级批准。

二、电气设备选择的一般原则

1. 按正常工作条件选择

（1）类型和型式的选择。根据设备的安装地点、使用条件等因素，确定是选用户内型还是户外型；选用普通型还是防污型；选用装配式还是成套式；选用适合有人值班的还是满足无人值班要求等。

（2）额定电压。按电气设备和载流导体的额定电压 U_N 不小于装设地点的电网额定电压 U_{NS} 选择，即

$$U_N \geqslant U_{NS} \tag{5-9}$$

但是，限流式熔断器只能用在与其额定电压相同的电网中，若降压使用的话，熔断时产生的过电压将对电网和设备的绝缘造成损害。

（3）额定电流。所选电气设备的额定电流 I_N 或载流导体的长期允许电流 I_y（经温度或其他条件修正后而得到的电流值），不得小于装设回路的最大持续工作电流，即

$$I_N \quad (\text{或 } I_y) \geqslant I_{max} \tag{5-10}$$

正常运行条件下，各回路的最大持续工作电流 I_{max}，按表 5-3 中原则计算。

按 GB 763—90《交流高压电器在长期工作时的发热》的规定，断路器、隔离开关、电抗器等电器设备在环境最高温度为 $+40℃$ 时，允许按额定电流持续工作。当安装地点的环境温度高于 $+40℃$ 而低于 $+60℃$ 时，每增高 $1℃$，建议额定电流减少 1.8%；当低于 $+40℃$ 时，每降低 $1℃$，建议额定电流增加 0.5%，但总的增加值不得超过额定电流的 20%。

2. 按短路状态进行校验

当电气设备和载流导体通过短路电流时，会同时产生电动力和发热两种效应，一方面

表 5-3　　　　　　　　　　　　　　各回路最大持续工作电流 I_{max} 的计算

回　路　名　称		最大持续工作电流 I_{max} 的计算原则
发电机或调相机回路		$I_{max}=1.05I_N$
变压器回路		$I_{max}=1.05I_N$ 同时考虑变压器的正常过负荷的倍数
母线分段或母联断路器回路		I_{max} 一般为该母线上最大一台发电机或变压器的持续工作电流
主母线		I_{max} 按潮流分布计算
馈线	带电抗器出线	I_{max} 按电抗器的额定电流计算，因其过载能力很小
	单回线路	I_{max} 包括原有负荷、线路损耗及事故时转移过来的负荷三方面之和
	双回线路	I_{max} 取 1.2～2 倍一回线的正常最大负荷

使电气设备和载流导体受到很大的电动力作用，同时又使它们的温度急骤升高，这可能使电气设备和载流导体的绝缘受到损坏。为此，在进行电气设备和载流导体的选择时，必须对短路电流进行电动力和发热计算，以验算动稳定和热稳定。

为使所选电气设备和载流导体具有足够的可靠性、经济性和合理性，并在一定时期内适应电力系统发展的需要，作验算用的短路电流应按下列条件确定。

（1）容量和接线。按本工程设计最终容量计算，并考虑电力系统远景发展规划（一般为本工程建成后 5～10 年）；其接线应采取可能发生最大短路电流的正常接线方式，但不考虑在切换过程中可能短时并列的接线方式。

（2）短路种类。一般按三相短路验算，若其他种类短路较三相短路严重时，则应按最严重的情况验算。

（3）计算短路点。选择通过电器的短路电流为最大的那些点为短路计算点。先考虑分别在电气设备前后短路时的短路电流，同时要强调的是流过所要校验设备内部的短路电流，而非流到短路点的总短路电流。下面以图 5-3 为例，说明短路计算点的具体选择方法。

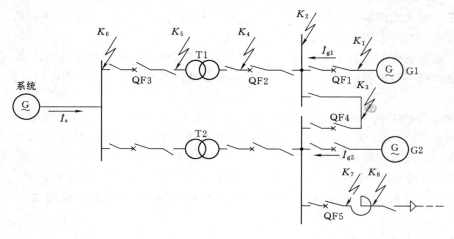

图 5-3　短路计算点的确定

选择 QF1 时，用 K_1 点；选择 QF2 时，用 K_4 点，同时 QF3 断开；选择 QF3 时，用 K_5 点，同时 QF2 断开；选择 QF4 时，用 K_3 点；选择 QF5 时，用 K_8 点而不是 K_7 点。

（4）短路计算时间。检验电器是热稳定和开断能力时，还必须合理地确定短路计算时间。验算热稳定的计算时间 t_k 为继电保护动作时间 t_{pr} 和相应断路器的全开断时间 t_{ab} 之和，即

$$t_k = t_{pr} + t_{ab}$$

式中　t_{ab}——断路器全开断时间；

　　　t_{pr}——后备保护动作时间。

验算电气设备的热稳定和动稳定的方法如下：

当短路电流通过被选择的电气设备和载流导体时，其热效应不应超过允许值，即

$$I_t^2 t = Q_y \geqslant Q_k \tag{5-11}$$

式中　Q_k——短路电流的热效应；

　　　I_t——设备给定的时间 t 内允许的热稳定电流有效值。

验算导体和 110kV 以下电缆短路热稳定时，所用的短路电流持续时间 t_k，一般采用主保护的动作时间加相应的断路器全分闸时间。如主保护有死区，则应采用能对该死区起作用的后备保护动作时间，并采用相应处的短路电流值。

当被选择的电气设备和载流导体通过可能最大的短路电流值时，电动力效应不会造成其变形或损坏。即短路电流应满足

$$i_m \leqslant i_{es} \tag{5-12}$$

式中　i_m——短路冲击电流的幅值；

　　　i_{es}——设备允许通过的动稳定电流的峰值。

验算短路动稳定时，硬导体的最大允许应力 σ_y 参照表 5-4。重要回路的硬导体应力计算，还应考虑共振的影响。

3. 按环境条件校核

选择电气设备和载流导体时，应按当地环境条件校验。当气温、湿度、污秽、海拔、地震、覆冰等环境条件超出一般电器的基本使用条件时，应通过技术经济比较后采取措施或向设备制造商提出补充要求。

表 5-4　　硬导体的最大允许应力 σ_y

材　料	硬　铜	硬　铝
最大允许应力 σ_y（Pa）	140×10^6	70×10^6

选择电气设备和载流导体时所使用的环境温度，一般采用表 5-5 中所列数据。

表 5-5　　　　　　　选择导体和电气设备时所用的环境温度

类　别	安 装 地 点	环 境 温 度 （℃）
裸导体	屋　外	最热月平均最高温度
	屋　内	该处通风设计温度；当无资料时，可取最热月平均最高温度加 5℃
电　缆	屋内电缆沟、屋外电缆沟、电缆隧道	可取最热月平均最高温度
电　器	屋　外	年最高温度
	屋内电抗器	该处通风设计最高排风温度
	屋内其他电器	该处通风设计温度；当无资料时，可取最热月平均最高温度加 5℃

第四节　母 线 系 统 的 设 计

一般来说，母线系统包括载流导体和支撑绝缘两部分。载流导体可构成硬母线和软母线。软母线是钢芯铝绞线（有单根、双分裂和组合导线等形式），因其机械强度决定于支撑悬挂的绝缘子，所以不必校验其机械强度。下面以硬母线为例，说明选择和校验的过程和方法。

一、硬母线的选择

（1）型式。一般采用铝材，只有当持续工作电流较大且位置特别狭窄的场所，或者腐蚀严重的场所，才选用铜材。

20kV 及以下且正常工作电流不大于 4000A 时，宜选用矩形导体；在 4000～8000A 时，一般选用槽形导体；8000A 以上的工作电流选管形导体或钢芯铝绞线构成的组合导线。

（2）按最大持续工作电流选择。导体截面应满足

$$I_y \geqslant I_{max} \tag{5-13}$$

式中　I_y——导体的长期允许载流量，A。

（3）按经济电流密度选择。在选择导体截面时，除配电装置的汇流母线外，长度在 20m 以上的导体，其截面一般按经济电流密度选择，先求出经济截面 S_j，即

$$S_j = \frac{I_{max}}{J} \quad (mm^2) \tag{5-14}$$

式中　J——经济电流密度，A/mm²，可由相应曲线（图5-4）查出。

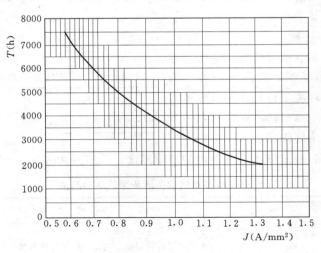

图5-4　铝质矩形、槽形和组合导体的经济
电流密度（A/mm²）曲线

（4）热稳定校验应满足条件

$$S_{min} = \frac{\sqrt{Q_k}}{C} \quad (mm^2) \tag{5-15}$$

式中 C——母线的热稳定系数，可由表 5-6 中查出；

Q_k——短路电流的热效应，$kA^2 \cdot s$；

S_{min}——满足热稳定的最小截面，mm^2。

表 5-6　　　　　　　　不同工作温度下裸导体的热稳定系数 C

工作温度（℃）	40	45	50	55	60	65	70	75	80	85	90
硬铝及铝锰合金	99	97	95	93	91	89	87	85	83	82	81
硬　铜	186	183	181	179	176	174	171	169	166	164	161

（5）动稳定校验应满足条件

$$\sigma_{max} \leqslant \sigma_y \qquad (5-16)$$

式中 σ_y——母线材料的允许应力；

σ_{max}——母线材料的所受的最大应力。

在计算中，常认为 $\sigma_{max} \leqslant \sigma_y$，反求出此时的跨距 L，即为满足动稳定要求的最大跨距。

若每相采用多条矩形母线时，其母线导线所受的最大应力应为相间最大应力与条间最大应力之和。

（6）电晕电压校验。110kV 及以上的母线应进行电晕电压校验。

二、电缆的选择

（1）型式。根据用途、敷设方式和使用条件选择。35kV 及以下，常选铝芯；110kV 及以上，常采用单芯电缆；直埋地下敷设时，一般选用钢带铠装电缆；在潮湿或腐蚀性土壤的地区，应带有塑料外护层。

（2）额定电压的选择为

$$U_N \geqslant U_{NS} \qquad (5-17)$$

（3）截面的选择。选择方法与母线截面相同，但按最大持续工作电流选择时，式 $KI_N \geqslant I_{max}$ 中 K 为电缆的综合修正系数，可查阅有关手册、资料。

（4）热稳定校验应满足

$$S \geqslant S_{min} = \frac{\sqrt{Q_k}}{C} \ (mm^2) \qquad (5-18)$$

式中 C——电缆的热稳定系数，可由有关手册查出。

（5）电压损失校验。对于三相交流，计算公式为

$$\Delta U\% = 173 I_{max} L \frac{(r\cos\varphi + x\sin\varphi)}{U} \qquad (5-19)$$

式中 U、L——线路工作电压（线电压）和长度；

$\cos\varphi$——功率因数；

r、x——电缆单位长度的电阻和电抗。

校验其电压损失 $\Delta U\%$。一般应满足 $\Delta U\% \leqslant 5\%$。

对供电距离较远、容量较大的电缆线路，才进行此项校验。

三、支柱绝缘子和穿墙套管的选择

支柱绝缘子按额定电压和类型选择，进行短路时动稳定校验。穿墙套管按额定电压，额定电流和类型选择，按短路条件校验动、热稳定。

(1) 按额定电压选择支柱绝缘子和穿墙套管。支柱绝缘子和穿墙套管的额定电压大于等于电网的额定电压，即

$$U_N \geqslant U_{NS} \tag{5-20}$$

发电厂与变电所的 $3\sim20\text{kV}$ 屋外支柱和套管，当有冰雪和污秽时，宜选择高一级的产品。

(2) 按额定电流选择穿墙套管。穿墙套管的额定电流 I_N 大于等于回路最大持续电流 I_{max}，即

$$I_{max} \leqslant k I_N \tag{5-21}$$

式中 k——温度修正系数。

对母线型穿墙套管，因本身无导体，不必按此项选择和校验热稳定，在需保证套管的型式和穿过母线的尺寸相配合。

(3) 支柱绝缘子和套管的种类和型式的选择。根据装置地点，环境现在屋内，屋外或防污式及满足使用要求的产品型式。

(4) 穿墙套管的热稳定校验。套管耐受短路电流的热效应 $I_t^2 t$，大于或等于短路电流通过套管所产生的热效应 Q_k，即

$$I_t^2 t \geqslant Q_k \tag{5-22}$$

(5) 支柱绝缘子和套管的动稳定校验。在绝缘子和套管的机械应力计算中应注意，发生短路时，支柱绝缘子（或套管）所受的力为该绝缘子相邻跨导体上电动力的平均值。另外，由于导体电动力 F_{max} 是作用在导体截面中心线上的，而支柱绝缘子的抗弯破坏强度是按作用在绝缘子高度 H 处给定的，可将绝缘子的受力折算为

$$F'_{max} = F_{max} H_1 / H \quad (\text{N}) \tag{5-23}$$

式中 H_1——绝缘子底部到导体水平中心线的高度，mm。

对于屋内 35kV 及以上水平安放的支柱绝缘子，在进行机械计算时，应考虑导体和绝缘子的自重以及短路电动力的复合作用。屋外支柱绝缘子尚应计及风和冰雪的附加作用。

第五节　电气设备的选择

一、高压断路器的选择

(1) 型式。除满足各项技术条件和环境条件外，还应考虑安装调试和运行维护的方便。一般 $6\sim35\text{kV}$ 选用真空断路器，$35\sim500\text{kV}$ 选用 SF_6 断路器。

(2) 额定电压的选择为 $U_N \geqslant U_{NS}$。

(3) 额定电流的选择为 $I_N \geqslant I_{max}$。

(4) 额定开断电流的检验条件为

$$I_{Nbr} \geqslant I_t \quad (\text{或 } I'') \tag{5-24}$$

式中 I_t——断路器实际开断时间 t 的短路电流周期分量。

实际开断时间 t_k，为继电保护主保护动作时间与断路器固有分闸时间之和。

（5）热稳定校验应满足

$$I_t^2 t \geqslant Q_k \qquad (5-25)$$

（6）动稳定校验应满足

$$i_{es} \geqslant i_m \qquad (5-26)$$

二、隔离开关的选择

隔离开关的型式应根据配电装置的布置特点和使用要求等因素，进行综合的技术经济比较后确定。其选择的具体项目方法与断路器的（1）、（2）、（3）、（5）、（6）相同，不再重复。

根据对隔离开关操作控制的要求，还应选择其配用的操动机构。屋内式 8000A 以下隔离开关一般采用手动操作机构；220kV 及以上高位布置的隔离开关，宜采用电动机构和液压机构。

三、普通电抗器的选择

普通电抗器的主要技术参数有额定电压、额定电流、电抗百分值和有功功率损耗等。正常工作时，电抗器的电压降落称为电抗器的电压损失。为了保证供电质量，一般要求正常工作时电抗器的电压损失百分值小于 5%。

电抗器后发生短路时，由于电抗器具有较大的电抗，使得电抗器前的电压较高，这时电抗器前的电压称作残余电压。为了减少某一条线路发生短路时对其他线路的影响，一般要求剩余电压不低于电网额定电压的 60%。

普通电抗器的选择项目如下：

（1）按额定电压选择。电抗器的额定电压不小于装设电抗器回路所在电网的额定电压。

（2）按额定电流选择。电抗器的额定电流不小于装设电抗器回路的最大持续工作电流。由于电抗器的过载能力很小，一般说来，流过的最大持续工作电流不应超过其额定值。

（3）确定电抗百分值。确定电抗百分值时，首先按照限制短路电流的要求初步选择电抗百分值，然后进行电压损失和残余电压校验，在满足上述三个条件下最后确定电抗器电抗百分值。

选出线电抗器的百分值（$X_L\%$）的原则是，经电抗器限制后的短路电流（一般按 I'' 计）均不大于轻型断路器的额定开断电流（即 $I_{Nbr} \geqslant I''$），即

$$X_L\% \geqslant \left(\frac{I_B}{I''} - X_* \right) \frac{I_{NL} U_B}{U_{NL} I_B} \times 100\% \qquad (5-27)$$

式中　U_B——基准电压，kV；

　　　I_B——基准电流，kA；

　　　X_*——以 U_B、I_B 为基准，从电源计算到所选用电抗器前的电抗标幺值；

　　　U_{NL}——电抗器的额定电压，kV；

　　　I_{NL}——电抗器的额定电流，kA；

　　　I''——电抗器后短路时的次暂态电流，kA。

根据式（5-27）的计算结果查产品样本初步选定标准电抗器型号，再根据初步选定标准电抗器的型号。一般选择出线电抗器时，其电抗百分值不大于 8%，分段电抗器的百分电抗

值不大于 10%。

然后，按初步确定电抗器型号计算短路电流，根据计算的短路电流以进行残余电压校验。以使电抗器的电压损耗和残余电压都符合要求。

（4）电压损失校验。按所选用的电抗器的计算电压损失不大于 5% 校验，即

$$\Delta U\% = \frac{\Delta U}{U_{NL}} \times 100 = X_L\% \frac{I_{max}}{I_{NL}} \sin\varphi \qquad (5-28)$$

若电压损失不合格，要重新选择电抗器。

（5）残余电压校验。按所选择的电抗器的计算残压不小于 60%，即

$$U_{rem}\% = X_L\% \frac{I''}{I_{NL}} \qquad (5-29)$$

若残余电压低，应重新选择电抗器。

（6）校验动稳定。电抗器的动稳定电流 i_{es} 不小于通过电抗器的最大三相短路电流 $i_m^{(3)}$。

（7）校验热稳定。电抗器允许的最大短路热效应 $I_t^2 t$ 不小于电抗器实际的最大短路热效应 Q_k。

四、电流互感器的选择

1. 型式的选择

根据安装的场所和使用条件，选择电流互感器的绝缘结构（浇注式、瓷绝缘式、油浸式等）、安装方式（户内、户外、装入式、穿墙式等）、结构型式（多匝式、单匝式、母线式等）、测量特性（测量用、保护用、具有测量暂态的特性等）。

一般常用型式为：低压配电屏和配电装置中，采用 LQ 线圈式和 LM 母线式；6～20kV 户内配电装置和高压开关柜中，常用 LD 单匝贯穿式或复匝贯穿式；发电机回路或 2000A 以上的回路；可采用 LMC、LMZ、LAJ、LBJ 型或 LRD、LRZD 型；35kV 及其以上的电流互感器多采用油浸式结构。在条件允许时，如回路中有变压器套管、穿墙套管，应优先采用套管电流互感器，以节省占地和减小投资。

2. 按额定电压选择

电流互感器的额定电压不小于装设电流互感器回路所在电网的额定电压。

3. 按额定电流选择

电流互感器的一次额定电流不小于装设回路的最大持续工作电流。电流互感器的二次额定电流，可根据二次负荷的要求分别选择 5A 或 1A 等。为了保证测量仪表的最佳工作状态，并且在过负荷时使仪表有适当的指示，当 TA 用于测量时，其一次额定电流应尽量选择得比回路中正常工作电流大 1/3 左右。

4. 按准确度级选择

电流互感器的准确度级应符合其二次测量仪表、继电保护等的要求。用于电能计量的电流互感器，准确度级不应低于 0.5 级。用于继电保护的电流互感器，误差应在一定的限值之内，以保证过电流时的测量准确度的要求。

根据电力系统要求切除短路故障和继电保护动作时间的快慢，对互感器保证误差的条件提出了不同的要求。在大多数情况下，继电保护动作时间相对来说比较长，对电流互感器规定稳态下的误差就能满足使用要求，这种互感器称为一般保护用电流互感器，适合于

电压等级较低的电力网。如果系统要求继电保护实现快速保护时，应选用铁芯带有小气隙的暂态特性好的电流互感器，因为它能保证其暂态误差在规定的范围内。

5. 校验二次负荷的容量

为保证电流互感器工作时的准确度符合要求，电流互感器的二次负荷不超过（某准确度下）允许的最大负荷。

电流互感器的二次总负荷包括二次测量仪表、继电器电流线圈、二次电缆和接触电阻等部分的电阻。当电流互感器的二次负荷不平衡时，应按最大一相的二次负荷校验。

校验二次负荷的公式：

按容量校验 $\qquad S_2 \leqslant S_{N2}$

按阻抗校验 $\qquad Z_2 \leqslant Z_{N2}$

式中 S_2——电流互感器二次的最大一相负荷，VA；

$\quad S_{N2}$——电流互感器的二次额定负荷，VA；

$\quad Z_2$——电流互感器二次的最大一相负荷，Ω；

$\quad Z_{N2}$——电流互感器的额定二次负荷，Ω。

计算电流互感器二次的最大一相负荷时，通常不计阻抗中的电抗，只计其电阻。

在发电厂或变电所中，互感器用连接导线应采用铜芯控制电缆，根据机械强度要求，导线截面不得小于 1.5mm^2。

6. 校验热稳定

电流互感器的热稳定能力用热稳定倍数 K_r 表示，热稳定倍数 K_r 等于互感器 1s 热稳定电流与一次额定电流 I_{N1} 之比，故热稳定条件为

$$(K_r I_{N1})^2 \times 1 \geqslant Q_k \qquad (5-30)$$

式中 Q_k——短路热效应。

7. 校验动稳定

电流互感器的内部动稳定能力用动稳定倍数 K_d 表示，动稳定倍数 K_d 等于互感器内部允许通过的极限电流（峰值）与 K_d 倍一次额定电流 I_{N1} 之比。故互感器内部动稳定条件为

$$(K_d \times \sqrt{2} I_{N1}) \geqslant i_m \qquad (5-31)$$

式中 i_m——通过电流互感器一次侧绕组的最大冲击电流。

此外，还应校验电流互感器外部动稳定（即一次侧瓷绝缘端部受电动力的机械动稳定）。电流互感器外部动稳定条件为

$$F_y \geqslant F_{max} \qquad (5-32)$$

式中 F_y——电流互感器一次侧端部允许作用力；

$\quad F_{max}$——电流互感器一次侧瓷绝缘端部所受最大电动力。

五、电压互感器的选择

1. 型式的选择

根据电压互感器安装的场所和使用条件，选择电压互感器的绝缘结构和安装方式。

一般 6～20kV 户内配电装置中多采用油浸或树脂浇注绝缘的电磁式电压互感器；

35kV 配电装置中宜选用电磁式电压互感器；110kV 及其以上的配电装置中尽可能选用电容式电压互感器。

在型式选择时，还应根据接线和用途的不同，确定单相式、三相式、三相五柱式、一个或多个副绕组等不同型式的电压互感器。

接在 110kV 及以上线路侧的电压互感器，当线路上装有载波通信时，应尽量与耦合电容器结合，统一选用电容式电压互感器。

为了节省投资，如有些 220kV 线路不设电压互感器，利用 220kV 电流互感器绝缘套管末屏抽取电压。

2. 按额定电压选择

为保证测量准确性，电压互感器一次额定电压应在所安装电网额定电压的 90％～110％之间。

电压互感器二次额定电压应满足测量、继电保护和自动装置的要求。通常，一次绕组接于电网线电压时，二次绕组额定电压选为 100V；一次绕组接于电网相电压时，二次绕组额定电压选为 $100/\sqrt{3}V$。当电网为中性点直接接地系统时，互感器辅助副绕组额定电压选为 $100/\sqrt{3}V$；当电网为中性点非直接接地系统时，互感器辅助副绕组额定电压选为 $100/3V$。

3. 按容量和准确度级选择

电压互感器按容量和准确度级选择的原则与电流互感器的选择相似，要求互感器二次最大一相的负荷 S_2，不超过设计要求准确度级的额定二次负荷 S_2，而且 S_2 应该尽量接近 S_{N2}，因 S_2 过小也会使误差增大。

电压互感器的二次负荷 S_2 的计算为

$$S_2 = \sqrt{\left(\sum P_0\right)^2 + \left(\sum Q_0\right)^2} \qquad (5-33)$$

式中　　P_0、Q_0——同一相仪表和继电器电压线圈的有功功率、无功功率。

统计电压互感器二次负荷时，首先应根据仪表和继电器电压线圈的要求，确定电压互感器的接线，并尽可能将负荷分配均匀。

然后计算各相负荷，取其最大一相负荷与互感器的额定容量比较。在计算各相负荷时，要注意互感器与负荷的接线方式。当互感器接线与负荷接线不一致时，其计算方法可查阅教科书的有关内容。

电压互感器不校验动稳定和热稳定。

六、互感器的配置要求

1. 电压互感器的配置

(1) 电压互感器的数量和配置与主接线方式有关，并应满足监视、测量、保护、同期和自动装置的要求。

电压互感器的配置应能保证在主接线的运行方式改变时，保护装置不得失压，同期点的两侧都能提取到电压。

(2) 6～220kV 电压等级的每组主母线的三相上应装设电压互感器。旁路母线上是否需要装设电压互感器，应视各回出线外侧装设电压互感器的情况和需要确定。

（3）当需要监视和检测线路侧有无电压时，出线侧的一相上应装设电压互感器。如果电流互感器绝缘套管末屏能抽取电压，则可省去。

（4）发电机出口一般装设两组电压互感器，供测量、保护和自动电压调整装置需要。当发电机配有双套自动电压调整装置，且采用零序电压式匝间保护时，可再增设一组电压互感器。

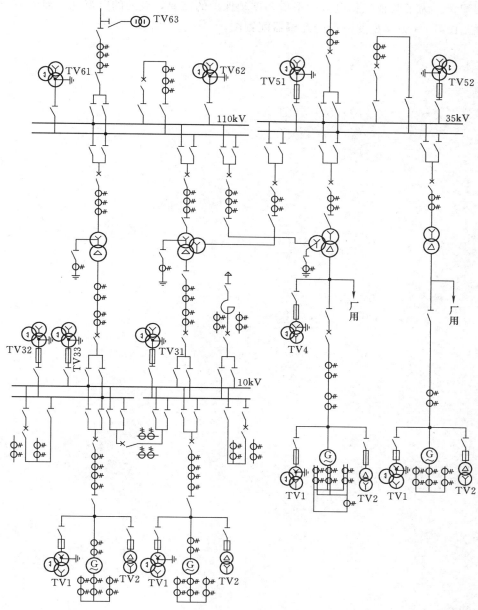

图 5 - 5　典型发电厂的互感器配置图

2. 电流互感器的配置

（1）凡装有断路器的回路均应装设电流互感器，其数量应满足测量仪表、保护和自动装置要求。

（2）在未设断路器的下列地点也应装设电流互感器，如发电机和变压器的中性点、发电机和变压器的出口、桥形接线的跨条上等。

（3）对直接接地系统，一般按三相配置。对非直接接地系统，依具体技术要求按两相或三相配置，为了监视三相电流的平衡和差动保护的需要，该处的电流互感器必须采用三相配置。图 5－5 为典型发电厂的互感器配置图。

第六章　继电保护及防雷的设计和规划

第一节　继电保护及其配置

一、110～220kV 中性点直接接地电网线路保护配置

在 110～220kV 中性点直接接地电网，线路的相间短路及单相接地短路保护均应动作于断路器跳闸。

在下列情况下，应装设一套全线速动保护：

（1）根据系统稳定要求有必要时。

（2）线路发生三相短路，如使发电厂厂用母线电压低于允许值（一般约为 70% 额定电压），且其他保护不能无时限和有选择地切除短路时。

（3）如电力网的某些主要线路采用全线速动保护后，不仅改善本线路保护性能，而且能够改善整个电网保护的性能时。

对 220kV 线路，符合下列条件之一时，可装设两套全线速动保护：

（1）根据系统稳定要求。

（2）复杂网络中，后备保护整定配合有困难时。

对于需要装设全线速动保护的电缆短线路及架空短线路，可采用导引线保护或光纤通道的纵联保护作为主保护，另装设多段式电流电压保护或距离保护作为后备保护。

110kV 线路的后备保护宜采用远后备方式。220kV 线路宜采用近后备方式。但某些线路，如能实现远后备，则宜采用远后备，或同时采用远、近结合的后备方式。

110～220kV 线路保护可按下列原则配置：

1. 反映接地短路的保护配置

对 220kV 线路，当接地电阻不大于 100Ω 时，保护应能可靠地、有选择地切除故障。如已满足装设一套或二套全线速动保护的条件，则除装设全线速动保护外，还应装设接地后备保护，宜装设阶段式或反时限零序电流保护；也可采用接地距离保护，并辅之以阶段式或反时限零序电流保护。

对 110kV 线路，如不需要装设全线速动保护，则宜装设阶段式或反时限零序电流保护作为接地短路的主保护及后备保护；也可采用接地距离保护作为主保护及后备保护，并辅之以阶段式或反时限零序电流保护。

2. 反映相间短路的保护配置

对于 110～220kV 线路，特别是 220kV 线路，首先要考虑是否装设全线速动保护。如装设全线速动保护，则除此之外，还要装设相间短路后备保护（如相间距离保护）和辅助保护（如电流速断保护）。

对单侧电源单回 110～220kV 线路，如不装设全线速动保护，可装设三相多段式电流电压保护作为本线路的主保护及后备保护，如不能满足灵敏性及速动性的要求时，则应装设相间距离保护作为本线路的主保护及后备保护。

对双侧电源单回线路，如不装设全线速动保护，应装设相间距离保护作为本线路的主保护及后备保护。

正常运行方式下，保护安装处短路，电流速断保护的灵敏系数在 1.2 以上时，可装设电流速断保护作为辅助保护。

对于平行线路的相间短路，一般可装设横差动电流方向保护或电流平衡保护作主保护。当灵敏度和速动性不能满足要求时，应在每一回线路上装设纵联保护作主保护。装设带方向或不带方向元件的多段式电流保护或距离保护作后备保护，并作为单回线运行时的主保护和后备保护。当采用近后备方式时，后备保护分别接于每一回线路上；当采用远后备方式时，则应接入双回线路的和电流。

对于平行线路的接地短路宜装设零序电流横差动保护作为主保护；装设接于每一回线路的带方向或不带方向的多段式零序电流保护作为后备保护，当作远后备保护时，可接两线路零序电流之和，以提高灵敏度。

二、330～500kV 中性点直接接地电网线路保护配置

1. 主保护的配置原则

一般情况下，实现主保护双重化的原则如下：

（1）设置两套完整独立的全线速动主保护，两套主保护应采用由不同工作原理构成的保护装置。

（2）两套主保护的交流电流、电压回路和直流电源彼此独立。

（3）每套主保护对全线路发生的各种类型故障（包括单相接地、相间短路、两相接地、三相短路、非全相运行故障及转移故障等），均能无时限动作切除故障。

（4）每套主保护应有独立选相功能，能实现分相跳闸和三相跳闸。

（5）断路器有两组跳闸线圈，每套主保护分别启动一组跳闸线圈。

（6）两套主保护分别使用独立的远方信号传输设备。

2. 后备保护的配置原则

330～500kV 线路的后备保护采用近后备方式。每条线路都应配置能反映线路各种类型故障的后备保护。当双重每套主保护都有完善的后备保护时，可不再另设后备保护。只要其中一套主保护无后备，则应再设一套完整的、独立的后备保护。

对相间短路，后备保护应采用阶段式距离保护。对接地短路，应装设接地距离保护并辅以阶段式或反时限零序电流保护；对中长线路，若零序电流保护能满足要求时，也可只装设阶段式零序电流保护。接地后备保护应保证在接地电阻不大于 300Ω 时，能可靠地、有选择性地切除故障。

正常运行方式下，保护安装处短路，电流速断保护的灵敏系数在 1.2 以上时，可装设电流速断保护作为辅助保护。同时，可根据一次系统过电压的要求装设过电压保护。

三、35kV 及以下中性点非直接接地电网中线路保护配置

35kV（包括 66kV）及以下中性点非直接接地电网线路的相间短路保护必须动作于断路器跳闸，单相接地时，由于接地电流小，三相电压仍能保持平衡，对用户没有很大影响。因此，单相接地保护一般动作于信号，但单相接地对人身和设备的安全产生危害时，就应

动作于断路器跳闸。

1. 相间短路的电流、电压保护的配置

根据有关规程，相间短路保护应按下列原则配置：

（1）保护的电流回路的电流互感器采用不完全星形接线，各线路保护用电流互感器均装设在 A、C 两相上，以保证在大多数两点接地情况下只切除一个故障接地点。

（2）采用远后备保护方式。

（3）线路上发生短路时，如厂用电或重要用户的母线电压低于（50%～60%）额定电压时，应快速切除故障，以保证非故障部分的电动机能继续运行。

相间短路的电流电压保护通常是三段式保护。第Ⅰ段为无时限电流速断保护或无时限电流闭锁电压速断保护；第Ⅱ段为带时限电流速断保护或带时限电流闭锁电压速断保护；第Ⅲ段为过电流保护或低电压闭锁的过电流保护。但根据被保护线路在电网中的地位，在能满足选择性、灵敏性和速动性的前提下，也可只装设Ⅰ、Ⅲ段，Ⅱ、Ⅲ段或只装设第Ⅲ段保护。

在进行保护设计时，需要注意的是：

（1）对于带电抗器的单侧电源线路，如其断路器不能切断电抗器前的短路，则不应装设电流速断保护。此时，应由母线保护或其他保护切除电抗器前的故障。

（2）鉴于目前中性点非直接接地电网线路多为馈线，双侧电源线路上多见于发电厂厂用电源线，线路长度较短，可装设带方向或不带方向的电流速断保护和过电流保护。如不能满足选择性、灵敏性或速动性要求时，可考虑采用短线路纵差动保护。

2. 单相接地零序电流保护的配置与整定计算

中性点非直接接地系统发生单相接地时，由于接地电流小，一般只在发电厂和变电所的母线上装设单相接地监视装置。监视装置反映零序电压，动作于信号。规程规定，对有条件安装零序电流互感器的线路，如电缆线路或经电缆引出的架空线路，当单相接地电流能满足保护的选择性和灵敏性要求时，应装设动作于信号的单相接地保护；如不能安装零序电流互感器，而单相接地保护能够躲过电流回路中不平衡电流的影响，例如单相接地电流较大，或保护反映接地电流的暂态值等，也可将保护装置接于三相电流互感器构成的零序回路中。

四、短线路纵差动保护的整定计算

3～4km 及以下的短线路（包括 110kV 及以上电压等级），无论是采用电流电压保护还是采用距离保护，常常都不能满足选择性、灵敏性和速动性的要求。在这种线路上经常需要采用纵差动保护以适应系统运行的需要。发电厂厂用电源线（包括带电抗器的电源线），一般距离较短，宜装设纵联差动保护。

五、发电机保护的配置

发电机是电力系统的核心，要保证发电机的安全、可靠运行，就必须针对其各种故障和异常工作情况，按照发电机容量及重要程度，装设完善的继电保护装置。主要包括：

（1）反映相间短路的纵联差动保护。

（2）反映定子绕组匝间短路的匝间短路保护。

（3）反映定子单相接地短路的定子接地保护。

（4）反映发电机外部相间短路的后备保护及过负荷保护。

（5）反映励磁回路接地的励磁回路一点和两点接地保护。

（6）反映低励磁或失磁的失磁保护。

（7）反映定子绕组过电压的过电压保护。

（8）反映发电机失步的失步保护。

（9）反映逆功率的逆功率保护。

（10）反映低频率的低频保护。

（11）反映定子铁芯过励磁的过励磁保护等。

六、变压器保护的配置

变压器是电力系统普遍使用的重要电气设备。它的安全运行直接关系到电力系统供电和稳定运行，特别是大容量变压器，一旦因故障而损坏造成的损失就更大。因此必须针对变压器的故障和异常工作情况，根据其容量和重要程度，装设动作可靠，性能良好的继电保护装置。一般包括：

（1）反映内部短路和油面降低的非电量（气体）保护，又称瓦斯保护。

（2）反映变压器绕组和引出线的多相短路及绕组匝间短路的纵联差动保护，或电流速断保护。

（3）作为变压器外部相间短路和内部短路的后备保护的过电流保护（或带有复合电压启动的过电流保护或负序电流保护或阻抗保护）。

（4）反映中性点直接接地系统中外部接地短路的变压器零序电流保护。

（5）反映大型变压器过励磁的变压器过励磁保护及过电压保护。

（6）反映变压器过负荷的变压器过负荷（信号）保护。

（7）反映变压器非全相运行的非全相保护。

1. 纵联差动保护

纵联差动保护是变压器的主保护之一。对 6.3MVA 及以上厂用工作变压器和并列运行的变压器。10MVA 及以上厂用备用变压器和单独运行的变压器，应装设纵联差动保护。对高压侧电压为 330kV 及以上变压器，可装设双重差动保护。

2. 变压器相间短路的后备保护

为防止外部相间短路引起的变压器过电流及作为变压器主保护的后备，变压器配置相间短路的后备保护。保护动作后，应带时限动作于跳闸。

（1）相关的规程规定：

1）过电流保护宜用于降压变压器。

2）复合电压（包括负序电压及线电压）启动的过电流保护，宜用于升压变压器、系统联络变压器和过电流保护不符合灵敏性要求的降压变压器。

3）负序电流和单相式低电压启动的过电流保护，可用于 63MVA 及以上升压变压器。

4）按以上两条装设保护不能满足灵敏性和选择性要求时，可采用阻抗保护。

（2）外部相间短路保护应装于变压器下列各侧，各项保护的接线，宜考虑能反映电流互感器与断路器之间的故障。其中：

1）对双绕组变压器，应装于主电源侧，根据主接线情况，保护可带一段或两段时限，较短的时限用于缩小故障影响范围；较长的时限用于断开变压器各侧断路器。

2）对三绕组变压器和自耦变压器，宜装于主电源侧及主负荷侧。主电源侧的保护应带两段时限，以较短的时限断开未装保护侧的断路器。当上述方式不符合灵敏性要求时，可在所有各侧均装设保护，各侧保护应根据选择性的要求装设方向元件。

3）对低压侧有分支，并接至分开运行母线段的降压变压器。除在电源侧装设保护处，还应在每个支路装设保护。

4）对发电机变压器组，在变压器低压侧，不应另设保护，而利用发电机反映外部短路的后备保护。在厂用分支线上，应装设单独的保护，并使发电机的后备保护带两段时限，以便在外部短路时，仍能保证厂用负荷的供电。

5）500kV 系统联络变压器高、中压侧均应装设阻抗保护。保护可带两段时限，以较短的时限用于缩小故障影响范围；较长的时限用于断开变压器各侧断路器。

（3）多绕组变压器的外部相间短路保护，根据其型式及接线的不同，可按下述原则进行简化：

1）220kV 及以下三相多绕组变压器，除主电源侧外，其他各侧保护可仅作本侧相邻电力设备和线路的后备保护。

2）保护对母线的各类故障应符合灵敏性要求。保护作为相邻线路的远后备时，可适当降低对保护灵敏系数的要求。

3. 变压器接地短路后备保护

在中性点直接接地系统中，接地短路是常见的故障形式，所以处于该系统中的变压器要装设接地（零序）保护，以反映变压器高压绕组、引出线上的接地短路，并作为变压器主保护和相邻母线、线路接地保护的后备保护。

电力系统接地短路时，零序电流的大小和分布与变压器中性点接地数目和位置的关系及变压器中性点接地的原则已在前面讨论过。国内，在 220kV 系统中，广泛采用中性点绝缘水平较高的分级绝缘变压器（如 220kV 变压器中性点绝缘水平为 110kV 的情况），其中性点可接地运行或不接地运行。如果中性点绝缘水平较低（如 500kV 系统中性点绝缘水平为 38kV 的变压器），则中性点必须直接接地运行。

4. 变压器过负荷保护

对于 6.3MVA 及以上电力变压器，当数台并列运行或单独运行，并作为其他负荷的备用电源时，应根据可能过负荷的情况，装设过负荷保护。对自耦变压器和多绕组变压器，保护应能反映公共绕组及各侧过负荷的情况。过负荷保护采用单相式，带时限动作于信号。在无经常值班人员的变电所，必要时，过负荷保护可动作于跳闸或断开部分负荷。

5. 变压器非电量保护

变压器非电量保护主要包括瓦斯保护、温度及压力保护等。

由于非电量保护动作量不需电气量运算。通常根据运行经验、测试等方法获得。因此这里只介绍其配置原则。

（1）瓦斯保护。瓦斯保护是油浸式变压器的主保护之一。当变压器壳内故障产生轻微瓦斯或油面下降时，应瞬时动作于信号；当变压器壳内故障产生大量瓦斯时，应动作于断开变压器各侧断路器。

带负荷调压的油浸式变压器的调压装置，也应装设瓦斯保护。轻微瓦斯动作于信号，大量瓦斯动作于断开变压器各侧断路器。

（2）变压器温度及压力保护。对变压器温度及油箱内压力升高和冷却系统故障，应按现行电力变压器标准的要求，装设可作用于信号或动作于跳闸的装置。

七、母线保护及断路器失灵保护配置

（一）母线保护

母线是电力系统汇集和分配电能的重要元件，母线发生故障，将使连接在母线上的所有元件停电。若在枢纽变电所母线上发生故障，甚至会破坏整个系统的稳定，使事故进一步扩大，后果极为严重。

根据有关规程规定，以下情况应装设专用母线保护：

（1）对发电厂和变电所的 220～500kV 电压的母线，应装设能快速有选择地切除故障的母线保护，并考虑实现保护双重化。

（2）110kV 双母线。

（3）110kV 单母线，重要发电厂或 110kV 以上重要变电所的 35～66kV 母线，根据系统稳定要求，需要快速切除母线上的故障时。

（4）35～66kV 电力网中主要变电所的 35～66kV 双母线或分段单母线需要快速而有选择地切除一段或一组母线上故障，以保证系统安全稳定运行和可靠供电时。

对发电厂和主要变电所的 3～10kV 分段母线及并列运行的双母线，一般可由发电机和变压器的后备保护实现对母线的保护。下列情况下，应装设专用母线保护：①须快速而有选择地切除一段或一组母线上的故障，以保证发电厂及电力网安全运行和重要负荷的可靠供电时；②当线路断路器不允许切除线路电抗器前的短路时。

对母线保护的要求是：必须快速有选择地切除故障母线；应能可靠方便地适应母线运行方式的变化；接线尽量简化。母线保护的接线方式，对于中性点直接接地系统，为反映相间短路和单相接地短路，须采用三相式接线；对于中性点非直接接地系统只需反映相间短路，可采用两相式接线。母线保护大多采用差动保护原理构成，动作后跳开连接在该母线上的所有断路器。

按构成原理的不同，母线保护主要分类如下。

1. 完全电流差动母线保护

即在母线所有连接元件中装设具有相同变比和特性的电流互感器，将它们的二次线圈同极性端连在一起，然后接入电流型差动继电器，此类保护要求电流互感器和电流继电器的内阻抗要小，否则会造成外部故障时保护的误动作。故该类保护又称低阻抗式母差保护。

完全电流差动母线保护的原理，与线路纵联差动保护十分相似，两种保护只是被保护的对象不同而已。

2. 电压差动母线保护

若将电流型差动继电器（内阻很小，约几欧）换成内阻很高，约 2.5～7.5kΩ 的电压继电器，即构成电压差动母线保护也称作高阻抗式母差保护。这种保护实际上是利用差动回路阻抗变化的特征，有效地防止区外短路因电流互感器严重饱和造成保护误动作。

这种保护方式接线简单、动作速度快（几十毫秒），适用于外部短路电流大、电流互感器铁芯易于饱和的场合，国内已在推广使用。

3. 具有比率制动特性的电流差动母线保护

这种保护，因差动回路总电阻约 200Ω，故又称作中阻抗式母差保护。它与低、高阻抗式母差保护相比具有下列优点：①减小了外部短路时的不平衡电流；②防止内部短路时可能出现的过电压；③采用比率制动特性保证了动作的选择性并提高了母线故障动作的灵敏性。

这种保护在国内已得到较广应用。生产厂家也比较多，整定方法与比率制动式发电机差动保护类似。

（二）断路器失灵保护

高压电网的保护装置和断路器都应采取一定的后备保护，以便在保护装置拒动或断路器失灵时，仍能可靠切除故障。对于重要的 220kV 及以上主干线路，针对保护拒动通常装设两套主保护（即保护双重化）；针对断路器拒动即断路器失灵，则装设断路器失灵保护。

在 220～500kV 电力网中，以及 110kV 电力网的个别重要部分，可按下列规定装设断路器失灵保护：

（1）线路保护采用近后备方式，对 220～500kV 分相操作的断路器，可只考虑断路器单相拒动的情况。

（2）线路保护采用远后备方式，如果由其他线路或变压器的后备保护切除故障将扩大停电范围（例如采用多角形接线，双母线或分段单母线等时），并引起严重后果时。

（3）如断路器与电流互感器之间发生故障，不能由该回路主保护切除，而由其他线路和变压器后备保护切除将扩大停电范围，并造成严重后果时。

断路器失灵保护主要由启动元件、时间元件、闭锁元件和出口回路组成。为了提高保护动作的可靠性，启动元件必须同时具备两个条件才能启动。其中：

（1）故障元件的保护出口继电器动作后不返回；

（2）在故障保护元件的保护范围内短路依然存在，即失灵判别元件启动。

当母线上连接元件较多时，失灵判别元件可采用检查母线电压的低电压继电器，动作电压按最大运行方式下线路末端短路时保护应有足够的灵敏性整定；当母线上连接元件较少时，可采用检查故障电流的电流继电器，动作电流在满足灵敏性的情况下，应尽可能大于负荷电流。

由于断路器失灵保护的时间元件在其他保护动作后才开始计时，动作延时按躲过断路器的跳闸时间与保护的返回时间之和整定，通常取 0.3～0.5s。当采用单线分段或双母线时，延时可分两段，第Ⅰ段以短时限动作于分段断路器或母联断路器；第Ⅱ段再经一时限动作跳开有电源的出线断路器。

第二节 防雷保护及其配置

运行中的电气设备，可能受到来自外部的雷电过电压的作用。必须采取有效的过电压防护器具，实现防雷保护。

一、避雷针和避雷线保护

避雷针和避雷线是防止直接雷过电压的有效措施。

（一）避雷针及其保护范围

避雷针的保护范围是根据模拟试验和运行经验来确定的，因为雷电放电路径受多种偶然因素影响，因此要保证被避雷针保护的电气设备绝对不受到雷击是不现实的，一般避雷针的保护范围是指雷击几率在 0.1% 左右的空间范围而言的。

1. 避雷针的保护范围

单支避雷针、两支等高避雷针、两支不等高避雷针、多支等高避雷针的保护范围计算方法和公式见《电气工程设计手册》（电气一次部分）。

2. 避雷针接地的主要要求

（1）独立避雷针（线）宜设独立的接地装置。在非高土壤电阻率地区，其工频接地电阻不宜超过 10Ω。当有困难时，该接地装置可与主接地网连接。但为了防止经过接地网反击 35kV 及以下设备，要求避雷针与主接地网的地下连接点至 35kV 及以下设备与主接地网的地下连接点，沿接地体的长度不得小于 15m。经 15m 长度，一般能将接地体传播的雷电过电压衰减到对 35kV 及以下设备不危险的程度。

（2）独立避雷针不应设在人经常通行的地方，避雷针及其接地装置与道路或出入口等的距离不宜小于 3m，否则应采取均压措施，或铺设砾石或沥青地面。

（3）电压 110kV 及以上的配电装置，一般将避雷针装在配电装置的架构或房顶上，但在土壤电阻率大于 1000Ω·m 的地区，宜装设独立避雷针。否则，应通过验算，采取降低接地电阻或加强绝缘等措施，防止造成反击事故。

63kV 的配电装置，允许将避雷针装在配电装置的架构或房顶上，但在土壤电阻率大于 500Ω·m 的地区，宜装设独立避雷针。

35kV 及以下高压配电装置架构或房顶不宜装避雷针，因其绝缘水平很低，雷击时易引起反击。

装在架构上的避雷针应与接地网连接，并应在其附近装设集中接地装置。装有避雷针的架构上，接地部分与带电部分间的空气中距离不得小于绝缘子串的长度；但在空气污秽地区，如有困难，空气中距离可按非污秽区标准绝缘子串的长度确定。

避雷针与主接地网的地下连接点至变压器接地线与主接地网的地下连接点，沿接地体的长度不得小于 15m。

在变压器的门型架构上，不应装设避雷针、避雷线。这是因为门型架构距离变压器较近，装设避雷针后，架构的集中接地装置距变压器金属外壳接地点在地中距离很难达到不小于 15m 的要求。

（4）110kV 及以上配电装置，可将线路的避雷线引到出线门型架构上，土壤电阻率大于 1000Ω·m 的地区，应装设集中接地装置。

35kV、63kV 配电装置，在土壤电阻率不大于 500Ω·m 的地区，允许将线路的避雷线引接到出线门型架构上，但应装设集中接地装置。在土壤电阻率大 500Ω·m 的地区，避雷线应架设到线路终端杆塔为止。从线路终端杆塔到配电装置的一档线路的保护，可采用独立避雷针，也可在线路终端杆塔上装设避雷针。

（5）严禁在装有避雷针、避雷线的构筑物上架设通信线、广播线和低压线（符合防雷要求的照明线、微波电缆除外）。

（二）避雷线的保护范围

（1）避雷线的保护范围计算方法和公式见《电气工程设计手册》（电气一次部分）。

（2）避雷线保护在技术上的要求如下：

1）避雷线应具有足够的截面和机械强度。一般采用镀锌钢绞线，截面不小于 35mm²，在腐蚀性较大的场所，还应适当加大截面或采取其他防腐措施，在 200m 以上档距，宜采用不小于 50mm² 截面。

2）避雷线的布置，应尽量避免与母线互相交叉的布置方式。

3）当避雷线附近（侧面或下方）有电气设备、导线或 63kV 及以下架构时，应验算避雷线对上述设施的间隙距离。

4）应尽量降低避雷线接地端的接地电阻，以降低雷击过电压，一般不宜超过 10Ω 的工频接地电阻。

二、避雷器保护及配置

（一）避雷器的参数及配置

电气设备的绝缘配合基于避雷器的保护水平，设备所承受的雷电过电压和操作过电压均由避雷器来限制，即选用设备的绝缘水平取决于避雷器的保护性能。

1. 避雷器的参数

普通阀型避雷器有 FS 型和 FZ 型两种。FS 型主要适用于配电系统，FZ 型适用于发电厂和变电所。FZ 型避雷器均由结构和性能标准化的单件组成，其单件的额定电压分别为 3kV、6kV、10kV、15kV、20kV 和 30kV。因此，可由不同单件组成各种电压等级的避雷器，例如 FZ—35 型避雷器是由两个 FZ—15 型避雷器串联而成。

金属氧化锌避雷器比普通阀型避雷器，具有无续流、通流容量大、结构简单、寿命长等优点，将在很多范围内，代替普通阀型避雷器。金属氧化锌避雷器的电站用 Y5W 系列和旋转电机保护用 Y3W 系列。

磁吹避雷器主要有 FCZ 电站型和旋转电机用的 FCD 型两种。

保护旋转发电机中性点绝缘的避雷器型号列于表 6-1。中性点非直接接地系统中和直接接地系统中保护变压器中性点绝缘的避雷器型号分别列于表 6-2 和表 6-3。

表 6-1　　　　　　　　保护旋转发电机中性点绝缘的避雷器型号

电机额定电压（kV）	3	6	10
避雷器型号	FCD—2、FZ—2	FCD—4、FZ—4	FCD—6、FZ—6、FS—6

表 6-2　中性点非直接接地系统中和直接接地系统中保护变压器中性点绝缘的避雷器型号

变压器额定电压（kV）	35	60	110	154
避雷器型号	FZ—35 或 FZ—30（FZ—15＋FZ—10）①	FZ—40	FZ—110J	FZ—154J

①　变压器中性点连接有绝缘较弱的消弧线圈时采用该型号。

表 6－3		中性点直接接地系统中保护变压器中性点绝缘的避雷器型号	
变压器额定电压（kV）		110	220
中性点绝缘等级（kV）	110	35	110
避雷器型号	FZ—110J、 FZ—60	暂用 FZ—40， 推荐用氧化锌避雷器	FCZ—110、 FCJ—110J

避雷器的主要技术参数如下：

（1）额定电压。避雷器的额定电压必须与安装避雷器的电力系统的电压等级相同。

（2）灭弧电压。灭弧电压是保证避雷器能够在工频续流第一次经过零值时，根据灭弧条件所允许加至避雷器的最高工频电压。考虑到避雷器动作时，系统内若有不对称短路故障发生，则加在非故障相避雷器上的恢复电压将有可能高于相电压，而这时避雷器应该能灭弧。因此，对 35kV 及以下的避雷器，其灭弧电压规定为系统最大工作线电压的 100%～110%；对 110kV 及以上中性点接地系统的避雷器，其灭弧电压规定为系统最大工作线电压的 80%。

（3）工频放电电压。对工频放电电压要规定其上、下限。工频放电电压太高则意味着冲击放电电压也高，将使其保护特性变坏；工频放电电压太低，则意味着灭弧电压太低，将会造成不能可靠地切断工频续流。

（4）冲击放电电压。冲击放电电压是指预放电时间为 1.5～20μs 的冲击放电电压，与 5kA（对 330kV 为 10kA）下的残压基本相同。

（5）残压。在防雷计算中以 5kA 下的残压作为避雷器的最大残压。

（6）保护比。保护比等于残压与灭弧电压之比，它是说明避雷器保护性能的参数。保护比愈小说明残压愈低或灭弧电压愈高，其保护特性愈好。FZ 和 FCD 系列避雷器的保护比约在 2.3～2.6 范围之内，FCZ 系列避雷器的保护比则为 1.7～1.8。

（7）直流电压下的电导电流。运行中的避雷器，通常用测量直流电压下的电导电流的方法来判断间隙分路电阻的性能。若电导电流太大，则意味着避雷器受潮；电导电流太大的避雷器投入运行，可能会造成炸毁事故，所以要求其电导电流必须在规定的范围内。

2. 避雷器的配置

阀型避雷器的安装位置和组数，应根据电气设备的雷电冲击绝缘水平和避雷器特性以及侵入波陡度，并结合配电装置的接线方式确定。

避雷器至电气设备的允许距离还与雷雨季节经常运行的进线路数有关。进线数越多则允许距离可相应增大。

断路器、隔离开关、耦合电容器等电器的绝缘水平比变压器为高。因此，避雷器至这些设备的最大允许距离可增大。

上述允许距离应在各种长期可能的运行方式下都符合要求。

避雷器的配置原则如下：

（1）配电装置的每组母线上，一般应装设避雷器。

（2）旁路母线上是否需要装设避雷器，应视在旁路母线投入运行时，避雷器到被保护设备的电气距离是否满足要求而定。

　　（3）330kV 及以上变压器和并联电抗器处必须装置避雷器，并应尽可能靠近设备本体。

　　（4）220kV 及以下变压器到避雷器的电气距离超过允许值时，应在变压器附近增设一组避雷器。

　　（5）三绕组变压器低压侧的一相上宜设置一台避雷器。

　　（6）自耦变压器必须在其两个自耦绕组出线上装设避雷器，并应接在变压器与断路器之间。

　　（7）下列情况的变压器中性点应装设避雷器：

　　1）直接接地系统中，变压器中性点为分级绝缘且装有隔离开关时。

　　2）直接接地系统中，变压器中性点为全绝缘，但变电所为单进线且为单台变压器运行时。

　　3）不接地和经消弧线圈接地系统中，多雷区的单进线变压器中性点上。

　　（8）单元连接的发电机出线宜装一组避雷器。

　　（9）容量为 25MW 及以上的直配线发电机，应在每台电机出线处装一组避雷器。25MW 以下的直配线发电机应尽量将母线上的避雷器靠近电机装设或装在电机出线上。

　　（10）在不接地的直配线发电机中性点上应装设一台避雷器。

　　（11）连接在变压器低压侧的调相机出线处宜装设一组避雷器。

　　（12）发电厂变电所 35kV 及以上电缆进线段，在电缆与架空线的连接处应装设避雷器。

　　（13）直配线发电机和变电所 10kV 及以下，进线段避雷器的配置应遵照 DL/T 620—1997《交流电气装置的过电压保护和绝缘配合》执行。

　　（14）110kV、220kV 线路侧一般不装设避雷器。

　　（15）SF_6 全封闭电器的架空线路侧必须装设避雷器。

第七章　电力系统计算程序的实现

第一节　潮流计算程序的实现

电力系统的潮流计算实际上是对一组非线性方程求解，其中又包括线性方程的求解；短路计算是在潮流计算的基础上对一组线性方程组求解。因此，本章首先介绍线性方程组、非线性方程组的计算机算法。

一、用 Crout 分解法求解线性方程组

线性方程组的直接解法主要是指高斯消元法。20 世纪 60 年代，人们为了避免高斯消元法繁琐的中间步骤，把整个消元法归结为几个直接的公式，于是产生了高斯消元法的一种变换形式——直接三角分解法。Crout 分解法是直接三角分解法的一种。高斯消元法还有一种变换形式——因子表法。

（一）Crout 分解法

设 A 为非奇异矩阵，且有分解式

$$A = LU$$

其中 L 为下三角矩阵，U 为单位上三角矩阵，即

$$
\begin{bmatrix}
a_{11} & a_{12} & \cdots & a_{1n} \\
a_{21} & a_{22} & \cdots & a_{2n} \\
\vdots & \vdots & & \vdots \\
a_{n1} & a_{n2} & \cdots & a_{nn}
\end{bmatrix}
=
\begin{bmatrix}
l_{11} & & & \\
l_{21} & l_{22} & & \\
\vdots & & \ddots & \\
l_{n1} & l_{n2} & \cdots & l_{nn}
\end{bmatrix}
\begin{bmatrix}
1 & u_{12} & u_{13} & \cdots & u_{1n} \\
 & 1 & u_{23} & \cdots & u_{2n} \\
 & & \ddots & & \vdots \\
 & & & 1 & u_{(n-1)n} \\
 & & & & 1
\end{bmatrix}
\tag{7-1}
$$

L、U 的元素可以直接从 A 的元素求出。我们任取 A 中的第 i 行、第 j 列的元素 a_{ij} 来考察。

$$
a_{ij} = \begin{bmatrix} l_{i1} & l_{i2} & \cdots & l_{ii} & 0 & \cdots & 0 \end{bmatrix}
\begin{bmatrix}
u_{1j} \\
u_{2j} \\
\vdots \\
u_{j-1,j} \\
1 \\
0 \\
\vdots \\
0
\end{bmatrix}
$$

当 $i \geq j$ 时（表示下三角元素），有

$$a_{ij} = \sum_{k=1}^{j} l_{ik} u_{kj} = \sum_{k=1}^{j-1} l_{ik} u_{kj} + l_{ij}$$

进一步得到

$$l_{ij} = a_{ij} - \sum_{k=1}^{j-1} l_{ik}u_{kj} \quad (i=1,2,\cdots,n; \ j=1,2,\cdots,i) \tag{7-2}$$

当 $i<j$ 时（表示上三角元素），有

$$a_{ij} = \sum_{k=1}^{i} l_{ik}u_{kj} = \sum_{k=1}^{i-1} l_{ik}u_{kj} + l_{ii}u_{ij}$$

又得到

$$u_{ij} = \frac{\left(a_{ij} - \sum\limits_{k=1}^{i-1} l_{ik}u_{kj}\right)}{l_{ii}} \quad (i=1,2,\cdots,n; \ j=i+1,\cdots,n) \tag{7-3}$$

式（7-2）和式（7-3）式称为 Crout 分解公式。

【例 7-1】 试将下列矩阵进行 Crout 分解。

$$A = \begin{bmatrix} 2 & 3 & 1 \\ 3 & 7 & -1 \\ 5 & -4 & 2 \end{bmatrix}$$

解： 由式（7-2）和式（7-3）式计算

$$l_{11} = a_{11} = 2, \ u_{12} = \frac{a_{12}}{l_{11}} = \frac{3}{2}, \ u_{13} = \frac{a_{13}}{l_{11}} = \frac{1}{2}$$

$$l_{21} = a_{21} = 3, \ l_{22} = a_{22} - l_{21}u_{12} = \frac{5}{2}, \ u_{23} = \frac{(a_{23} - l_{21}u_{13})}{l_{22}} = -1$$

$$l_{31} = a_{31} = 5, \ l_{32} = a_{32} - l_{31}u_{12} = -\frac{23}{2}, \ l_{33} = a_{33} - l_{31}u_{13} - l_{32}u_{23} = -12$$

则得到

$$A = LU = \begin{bmatrix} 2 & & \\ 3 & \dfrac{5}{2} & \\ 5 & -\dfrac{23}{2} & -12 \end{bmatrix} \begin{bmatrix} 1 & \dfrac{3}{2} & \dfrac{1}{2} \\ & 1 & -1 \\ & & 1 \end{bmatrix}$$

（二）应用 Crout 分解法解线性方程组

Crout 分解法解线性方程组的步骤如下：

1. 分解过程

对于 $AX=B$ 的系数矩阵 A 作 Crout 三角分解得到 $A=LU$，即应用分解式（7-2）和式（7-3）计算 L 和 U 的全部元素 l_{ij}（$i=1,\cdots,n$；$j=1,\cdots,i$）和 u_{ij}（$i=1,\cdots,n$；$j=i+1,\cdots,n$）。于是原方程改写为

$$L(UX) = B$$

令

$$UX = Y \tag{7-4}$$

则得到下三角方程组

$$LY = B \tag{7-5}$$

这里 $Y = [y_1, \ y_2, \ \cdots, \ y_n]^T$，称为中间变量。

2. 前代过程

由式（7-5）可以求出中间变量 Y 的全部分量 y_i（$i=1,\cdots,n$）。

实际上，只要自上而下地解与式（7-5）对应的下三角方程组

$$\begin{cases} l_{11}y_1 = b_1 \\ l_{21}y_1 + l_{22}y_2 = b_2 \\ \vdots \\ l_{n1}y_1 + l_{n2}y_2 + \cdots + l_{nn}y_n = b_n \end{cases}$$

得到 Crout 的前代公式，即

$$y_i = \frac{\left(b_i - \sum_{k=1}^{i-1} l_{ik}y_k \right)}{l_{ii}} \quad (i = 1, 2, \cdots, n) \tag{7-6}$$

3. 回代过程

至此，可以由式（7-4）求出解向量 X 的全部分量 x_i（$i=n, \cdots, 1$）。实际上，只要自下而上地解与式（7-4）对应的上三角方程组

$$\begin{cases} x_1 + u_{12}x_2 + u_{13}x_3 + \cdots + u_{1n}x_n = y_1 \\ x_2 + u_{23}x_3 + \cdots + u_{2n}x_n = y_2 \\ \vdots \\ x_i + \cdots + u_{in}x_n = y_i \\ \vdots \\ x_n = y_n \end{cases}$$

得到 Crout 的回代公式，即

$$x_i = y_i - \sum_{k=i+1}^{n} u_{ik}x_k \quad (i = n, n-1, \cdots, 1) \tag{7-7}$$

【例 7-2】　求解线性方程组。

$$\begin{bmatrix} 2 & 3 & 1 \\ 3 & 7 & -1 \\ 5 & -4 & 2 \end{bmatrix} \begin{bmatrix} x_1 \\ x_2 \\ x_3 \end{bmatrix} = \begin{bmatrix} 12 \\ 13 \\ 5 \end{bmatrix}$$

解：应用 Crout 三角分解法。

（1）分解过程。在［例 7-1］已经求出

$$L = \begin{bmatrix} 2 & & \\ 3 & \frac{5}{2} & \\ 5 & -\frac{23}{2} & -12 \end{bmatrix}, \quad U = \begin{bmatrix} 1 & \frac{3}{2} & \frac{1}{2} \\ & 1 & -1 \\ & & 1 \end{bmatrix}$$

（2）前代过程。由式（7-6）得

$$y_1 = \frac{b_1}{l_{11}} = \frac{12}{2} = 6$$

$$y_2 = \frac{b_2 - l_{21}y_1}{l_{22}} = -2$$

$$y_3 = \frac{b_3 - l_{31}y_1 - l_{32}y_2}{l_{33}} = 4$$

（3）回代过程。由式（7-7）得

$$x_3 = y_3 = 4$$
$$x_2 = y_2 - u_{23}x_3 = 2$$
$$x_1 = y_1 - u_{12}x_2 - u_{13}x_3 = 1$$

二、应用牛顿—拉夫逊迭代法求解非线性方程组

牛顿—拉夫逊迭代法是求解非线性方程组的一个基本方法，许多其他的迭代法都是在它的基础上作各种修改得到的。为了说明牛顿—拉夫逊迭代法的基本思想，我们先来研究只具有一个未知量的非线性方程。

（一）非线性方程的解法

【例 7-3】　试求非线性方程 $f(x) = 0$ 的解。

解：（1）取一个合理的初值 $x^{(0)}$ 作为方程 $f(x) = 0$ 的解，如果正好 $f(x^{\Delta}) = 0$，则方程的解 $x^* = x^{(0)}$。否则做下一步。

（2）取 $x^{(0)} + \Delta x^{(0)}$ 为第一次修正值。$\Delta x^{(0)}$ 充分小，将 $f(x^{(0)} + \Delta x^{(0)})$ 在 $x^{(0)}$ 附近展开成泰勒级数，并且将高次项略去，取其线性部分，得到

$$f(x^{(0)} + \Delta x^{(0)}) \approx f(x^{(0)}) + f'(x^{(0)})\Delta x^{(0)} = 0 \tag{7-8}$$

上式表明，在 $x^{(0)}$ 处把非线性方程 $f(x) = 0$ 线性化，变成求 $x^{(0)}$ 附近修正量 $\Delta x^{(0)}$ 的线性方程，这个方程也称为修正方程式。从而可求得

$$\Delta x^{(0)} = -\frac{f(x^{(0)})}{f'(x^{(0)})} \tag{7-9}$$

所以，可以确定第一次修正值 $x^{(1)} = x^{(0)} + \Delta x^{(0)}$。若 $f(x^{(1)}) = 0$，则 $x^* = x^{(1)}$。

（3）若 $f(x^{(1)}) \neq 0$，则用步骤（2）阐述的方法由 $x^{(1)}$ 确定出第二次修正值 $x^{(2)}$。如此迭代下去，在第 $(k+1)$ 次迭代时，$x^{(k+1)}$ 应为

$$x^{(k+1)} = x^{(k)} + \Delta x^{(k)} = x^{(k)} - \frac{f(x^{(k)})}{f'(x^{(k)})} \tag{7-10}$$

式中　k——迭代次数。

如果 $|f(x^{(k+1)})| < \varepsilon$（$\varepsilon$ 是预设的一个小的正数，如 $\varepsilon = 10^{-5}$），则方程的解 $x^* = x^{(k+1)}$，迭代停止。

【例 7-4】　应用牛顿—拉夫逊迭代法求解非线性方程 $f(x) = x^3 - 2x^2 + x - 12 = 0$ 的解。

解：设初始近似解 $x^{(0)} = 2.0$，首先根据式（7-8）计算 $f(x^{(0)})$，即

$$f(x^{(0)}) = -10$$

然后计算 $f'(x^{(0)})$ 为

$$f'(x^{(0)}) = 5$$

根据式（7-9）计算 $\Delta x^{(0)}$ 为

$$\Delta x^{(0)} = -\frac{f(x^{(0)})}{f'(x^{(0)})} = -\frac{-10}{5} = 2$$

再根据式（7-10）计算 $\Delta x^{(1)}$ 为

$$x^{(1)} = x^{(0)} + \Delta x^{(0)} = 2 + 2 = 4$$

重复以上计算直到 $|f(x^{(k+1)})| < 10^{-5}$，得到的计算过程量和结果见表 7-1。

表 7-1		[例 7-4] 的计算过程和结果		
k	$x^{(k)}$	$f(x^{(k)})$	$f'(x^{(k)})$	$\Delta x^{(k)}$
0	2.0	-10	5	2
1	4.0	24	33	-0.7273
2	3.2727	4.9046	20.0413	-0.2447
3	3.0280	0.4536	16.3944	-0.0277
4	3.003	0.0054	16.0047	-3.3747×10^{-4}
5	3.000	7.9727×10^{-7}	16	-4.9829×10^{-8}

非线性方程的解 $x^* = 3.0000$。

（二）应用牛顿—拉夫逊迭代法求解非线性方程组

应用牛顿—拉夫逊迭代法求解非线性方程组，其基本原理和步骤与求解非线性方程相同。只不过非线性方程组求解的不是一个变量，而是一组变量；其中要解的不是一个修正方程式，而是一个修正方程式组；在修正方程式组中的变量偏差系数不是一个导数，而是一个偏导数矩阵。

【例 7-5】 试求下列非线性方程组的解。

$$\begin{cases} f_1(x_1, x_2, \cdots, x_n) = 0 \\ f_2(x_1, x_2, \cdots, x_n) = 0 \\ \vdots \\ f_n(x_1, x_2, \cdots, x_n) = 0 \end{cases}$$

解：把非线性方程组写成矩阵形式

$$F(X) = 0$$

式中，$X = [x_1, x_2, \cdots, x_n]^T$，则修正方程组可以写成

$$F(X^{(k)}) + J(X^{(k)})\Delta X^{(k)} = \theta \tag{7-11}$$

式中 θ——n 个零元素的列矩阵。

变量偏差系数矩阵 $J(X^{(k)})$ 是一个偏导数系数矩阵，称为 Jacobi 矩阵，其形式为

$$J(X^{(k)}) = \begin{bmatrix} \dfrac{\partial f_1(X^{(k)})}{\partial x_1} & \dfrac{\partial f_1(X^{(k)})}{\partial x_2} & \cdots & \dfrac{\partial f_1(X^{(k)})}{\partial x_n} \\ \dfrac{\partial f_2(X^{(k)})}{\partial x_1} & \dfrac{\partial f_2(X^{(k)})}{\partial x_2} & \cdots & \dfrac{\partial f_2(X^{(k)})}{\partial x_n} \\ \vdots & & & \vdots \\ \dfrac{\partial f_n(X^{(k)})}{\partial x_1} & \dfrac{\partial f_n(X^{(k)})}{\partial x_2} & \cdots & \dfrac{\partial f_n(X^{(k)})}{\partial x_n} \end{bmatrix} \tag{7-12}$$

具体求解时，每次迭代分两步进行。先解一个线性方程组

$$J(X^{(k)})\Delta X^{(k)} = -F(X^{(k)}) \tag{7-13}$$

其解表示为

$$\Delta X^{(k)} = -[J(X^{(k)})]^{-1} F(X^{(k)}) \tag{7-14}$$

注意：不要计算逆矩阵，而是解线性方程组。进而，由式(7-15)得出第 $k+1$ 次近似值。

$$X^{(k+1)} = X^{(k)} + \Delta X^{(k)} \tag{7-15}$$

【例 7-6】　应用牛顿—拉夫逊法求非线性方程组的近似解。

$$\begin{cases} f_1(x_1,x_2) = 3x_1^2 + 2x_2^2 + x_1 x_2 - x_2 - 11.04 = 0 \\ f_2(x_1,x_2) = 2x_1^2 + x_2^2 + 2x_1 x_2 + x_1 - 11.31 = 0 \end{cases}$$

解：令 $X = [x_1, x_2]^T$，$F(X) = [f_1(X), f_2(X)]^T$，迭代次数为 k。

$F(X)$ 的 Jacobi 矩阵为

$$J(X) = \begin{bmatrix} 6x_1 + x_2 & x_1 + 4x_2 \\ 4x_1 + 2x_2 + 1 & 2x_1 + 2x_2 \end{bmatrix}$$

设初始近似解为 $X^{(0)} = [1.0, 2.0]^T$，X 迭代精度取 0.0001。

按式（7-13）～式（7-15）的计算过程量和结果见表 7-2。则 $x_1 = 1.1000$，$x_2 = 1.9000$。本例题中经过 3 次迭代就得到了原方程的精确解。当然，这是一个特例。一般情况下只能得到近似解。从例题也能看出牛顿—拉夫逊法的收敛速度是比较快的。

表 7-2　　　　　　　　　　　　　　[例 7-6] 的计算过程和结果

k	$x_1^{(k)}$	$x_2^{(k)}$	$f_1(x_1^{(k)}, x_2^{(k)})$	$f_2(x_1^{(k)}, x_2^{(k)})$
0	1.0	2.0	-0.0400	-0.3100
1	1.0933	1.9117	0.0335	0.0087
2	1.0999	1.9001	0.3210×10^{-3}	0.0680×10^{-3}
3	1.1000	1.9000	0.3518×10^{-7}	0.0740×10^{-7}

下面给出用 MATLAB5.3 语言写的源程序。

```
clear
x (1) =1.0; x (2) =2.0;
k=0; precision=1;
k, x
while precision>0.0001
    f1=3*x (1) ^2+2*x (2) ^2+x (1) *x (2) -x (2) -11.04;
    f2=2*x (1) ^2+x (2) ^2+2*x (1) *x (2) +x (1) -11.31;
    f= [f1 f2] '
    k=k+1;
    k
    J=[6*x (1) +x (2)        x (1) +4*x (2) -1
       4*x (1) +2*x (2) +1  2*x (1) +2*x (2)];
    xx=-J\f;
    x (1) =x (1) +xx (1);
    x (2) =x (2) +xx (2);
    x
    precision=max (abs (xx));
end
```

说明：①MATLAB 是目前国际上最流行的科学与工程计算的软件工具，它具有强大的数值计算和图形功能；②程序中语句 xx=-J\f 的功能相当于 xx=-inv (J)*f，即矩阵 xx 等于 J 的逆矩阵的负数左乘矩阵 f。但是前者比后者的运算速度快得多。

三、牛顿—拉夫逊迭代法潮流计算

1. 以极坐标形式表示节点电压的潮流计算

对于一个电力系统，描述节点 i 的状态量电压 V、相角 θ 以及节点注入功率的有功不平衡量 ΔP_i、无功不平衡量 ΔQ_i 之间的关系为

$$\Delta P_i = P_{gi} - P_{li} - P_{ti} = 0 \tag{7-16}$$

$$\Delta Q_i = Q_{gi} - Q_{li} - Q_{ti} = 0 \tag{7-17}$$

$$P_{ti} = V_i \sum_{j=1}^{n} V_j [G_{ij} \cos(\theta_i - \theta_j) + B_{ij} \sin(\theta_i - \theta_j)] \tag{7-18}$$

$$Q_{ti} = V_i \sum_{j=1}^{n} V_j [G_{ij} \sin(\theta_i - \theta_j) - B_{ij} \cos(\theta_i - \theta_j)] \tag{7-19}$$

式中 P_{ti}、Q_{ti}——由节点电压求得的节点注入的有功功率和无功功率；

       P_{gi}、Q_{gi}——该节点的发电机输入的有功和无功功率（没有发电机则为零）；

       P_{li}、Q_{li}——该节点的负荷所吸收的有功和无功功率（没有负荷则为零）；

       ΔP_i、ΔQ_i——节点功率的不平衡量。

式（7-16）与式（7-17）是常规的潮流方程的形式。

以数学观点看，潮流计算就是在指定各节点注入功率 P_{ti} 和 Q_{ti} 的边界条件下，求解各节点的电压相角 θ_i 和幅值 V_i。这是一个非线性方程组求解的问题。可建立类似式（7-13）的修正方程式组，即

$$
\begin{bmatrix} \Delta P_1 \\ \Delta Q_1 \\ \Delta P_2 \\ \Delta Q_2 \\ \vdots \\ \Delta P_p \\ \vdots \\ \Delta P_n \end{bmatrix} = - \begin{bmatrix} H_{11} & N_{11} & H_{12} & N_{12} & \cdots & H_{1p} & \cdots & H_{1n} \\ J_{11} & L_{11} & J_{12} & L_{12} & \cdots & J_{1p} & \cdots & J_{1n} \\ H_{21} & N_{21} & H_{22} & N_{22} & \cdots & H_{2p} & \cdots & H_{2n} \\ J_{21} & L_{21} & J_{22} & L_{22} & \cdots & J_{2p} & \cdots & J_{2n} \\ & & & & \vdots & & & \\ H_{p1} & N_{p1} & H_{p2} & N_{p2} & \cdots & H_{pp} & \cdots & H_{pn} \\ \vdots & \vdots & \vdots & \vdots & & \vdots & & \vdots \\ H_{n1} & N_{n1} & H_{n2} & N_{n2} & \cdots & H_{np} & \cdots & H_{nn} \end{bmatrix} \begin{bmatrix} \Delta \delta_1 \\ \Delta V_1/V_1 \\ \Delta \delta_2 \\ \Delta V_2/V_2 \\ \vdots \\ \Delta \delta_p \\ \vdots \\ \Delta \delta_n \end{bmatrix} \tag{7-20}
$$

说明：对于一个具有 n 个节点，其中具有 $(p-1)$ 个 PQ 节点、$[n-(p-1)]$ 个 PV 节点的网络，修正方程（7-20）共有 $2(p-1)+[n-(p-1)]$ 行，第 1 行至第 $2(p-1)$ 行对应 PQ 节点，第 $2(p-1)+1$ 行至第 $2(p-1)+[n-(p-1)]$ 行对应 PV 节点。

式（7-20）中，当 $j \neq i$ 时

$$H_{ij} = \frac{\partial \Delta P_i}{\partial \delta_j} = -V_i V_j (G_{ij} \sin\delta_{ij} - B_{ij} \cos\delta_{ij}) \tag{7-21a}$$

$$J_{ij} = \frac{\partial \Delta Q_i}{\partial \delta_j} = V_i V_j (G_{ij} \cos\delta_{ij} + B_{ij} \sin\delta_{ij}) \tag{7-21b}$$

$$N_{ij} = \frac{\partial \Delta P_i}{\partial V_j} V_j = -V_i V_j (G_{ij} \cos\delta_{ij} + B_{ij} \sin\delta_{ij}) \tag{7-21c}$$

$$L_{ij} = \frac{\partial \Delta Q_i}{\partial V_j} V_j = -V_i V_j (G_{ij} \sin\delta_{ij} - B_{ij} \cos\delta_{ij}) \tag{7-21d}$$

当 $j=i$ 时

$$H_{ii} = \frac{\partial \Delta P_i}{\partial \delta_i} = V_i \sum_{j=1, j\neq i}^{j=n} V_j (G_{ij}\sin\delta_{ij} - B_{ij}\cos\delta_{ij}) \tag{7-22a}$$

$$J_{ii} = \frac{\partial \Delta Q_i}{\partial \delta_i} = -V_i \sum_{j=1, j\neq i}^{j=n} V_j (G_{ij}\cos\delta_{ij} + B_{ij}\sin\delta_{ij}) \tag{7-22b}$$

$$N_{ii} = \frac{\partial \Delta P_i}{\partial V_i} V_i = -V_i \sum_{j=1, j\neq i}^{j=n} V_j (G_{ij}\cos\delta_{ij} + B_{ij}\sin\delta_{ij}) - 2V_i^2 G_{ii} \tag{7-22c}$$

$$L_{ii} = \frac{\partial \Delta Q_i}{\partial V_i} V_i = -V_i \sum_{j=1, j\neq i}^{j=n} V_j (G_{ij}\sin\delta_{ij} - B_{ij}\cos\delta_{ij}) + 2V_i^2 B_{ii} \tag{7-22d}$$

2. 变压器的 π 形等值电路

在具有变压器元件的电力网的等值电路中，变压器的参数及参数的归算都是以标准变比、额定电压之比或平均额定电压之比进行的，如果变压器的分接头改变，实际变比不等于标准变比时，一般采用 π 形等值电路对参数进行修正。

略去变压器的导纳（励磁）支路；变压器的阻抗归算在低压侧。在这些假设条件下，如果在变压器阻抗的左侧串联一个变比为 k 的理想变压器，得到如图 7-1 （a）所示的接入理想变压器后的等值电路。只要变压器的变比 k 取实际变比，这个等值电路是严格的。变压器的阻抗 Z_T 取标幺值，变比 k（略去标幺值符号）也要取标幺值。

变比标幺值是指变压器实际分接头电压与主分接头电压的比值。如果变压器高压侧引线接在主分接头上，则 $k=1$。因此，变比标幺值的数值反映了变压器分接头的连接情况。

根据严格的分析和推导，如图 7-1 （a）的等值电路可以用如图 7-1 （b）变压器以导纳支路表示时的 π 形等值电路，或者用如图 7-1 （c）所示的变压器以阻抗支路表示时的 π 形等值电路表示。

运用计算机进行电力系统潮流计算时，变压器常用如图 7-1 （b）所示以导纳支路表示时的 π 形等值电路。需要指出，虽然变压器 π 形等值电路中的三个支路的参数与变压器本身的阻抗有关，但是它们没有明确的物理意义，既不表示导纳，也不表示阻抗。

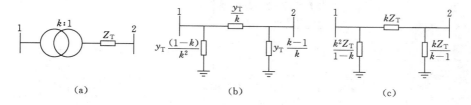

图 7-1　变压器的 π 形等值电路

（a）接入理想变压器后的变压器等值电路；（b）以导纳支路表示变压器的 π 形等值电路；

（c）以阻抗支路表示变压器的 π 形等值电路

3. 潮流计算例题

【例 7-7】　网络接线如图 7-2 所示，各支路导纳均以标幺值标于图 7-2 中。节点注入功率分别为：$\dot{S}_1 = 0.20 + j0.20$，$\dot{S}_2 = -0.45 - j0.15$，$\dot{S}_3 = -0.40 - j0.05$，$\dot{S}_4 = -0.60 - j0.10$,其中节点 1 连接的实际上相当于给定功率的发电厂。设节点 5 电压保持定值，$V_5 = 1.06$。试运用以极坐标表示的牛顿—拉夫逊法计算该系统的潮流分布。计算精度要求个节点电压修正量不大于 10^{-5}。

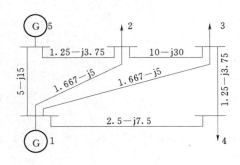

图 7-2　以导纳表示的等值电路

解： 在该系统中，节点 5 为平衡节点，电压保持定值，$V_5 = 1.06$。其余 4 个节点都是 PQ 节点，给定的输入功率分别为：$\dot{S}_1 = 0.20 + j0.20$，$\dot{S}_2 = -0.45 - j0.15$，$\dot{S}_3 = -0.40 - j0.05$，$\dot{S}_4 = -0.60 - j0.10$。

（1）给出潮流计算的基本步骤。其中：

1）形成节点导纳矩阵。

2）根据式（7-16）和式（7-17）计算个节点功率的不平衡量。

3）根据式（7-21）和式（7-22）计算雅可比矩阵中各元素。

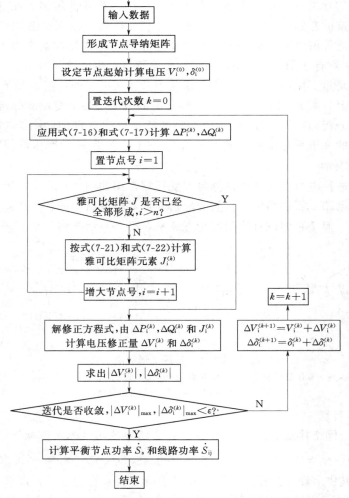

图 7-3　牛顿—拉夫逊迭代法潮流计算原理框图

4）解修正方程式求各节点电压。

5）计算平衡节点出功率和线路功率。

（2）给出计算原理框图如图7-3所示。

（3）再给出牛顿—拉夫逊迭代法潮流计算的源程序。程序的清单如下：

```
%The following Program for load flow calculation is based on MATLAB5. 3.
clear
G (1, 1) =10.834; B (1, 1) =−32.500;
G (1, 2) =−1.667; B (1, 2) =5.000; G (1, 3) =−1.667;
B (1, 3) =5.000; G (1, 4) =−2.500; B (1, 4) =7.5000; G (1, 5) =−5.000; B (1, 5) =15.000;

G (2, 1) =−1.667; B (2, 1) =5.000;
G (2, 2) =12.917; B (2, 2) =−38.750; G (2, 3) =−10.000;
B (2, 3) =30.0000; G (2, 4) =0; B (2, 4) =0; G (2, 5) =−1.250; B (2, 5) =3.750;

B (3, 1) =5.000;
G (3, 2) =−10.000; B (3, 2) =30.000; G (3, 3) =12.917; B (3, 3) =−38.750;
G (3, 4) =−1.250; B (3, 4) =3.750; G (3, 5) =0; B (3, 5) =0; G (3, 1) =−1.667;

B (4, 1) =7.500; G (4, 2) =0; B (4, 2) =0; G (4, 3) =−1.250; B (4, 3) =3.750;
G (4, 4) =3.750; B (4, 4) =−11.250; G (4, 5) =0; B (4, 5) =0; G (4, 1) =−2.500;
G (5, 1) =−5.000; B (5, 1) =15.000; G (5, 2) =−1.250; B (5, 2) =3.750;
G (5, 3) =0; B (5, 3) =0; G (5, 4) =0; B (5, 4) =0; G (5, 5) =6.250; B (5, 5) =−18.750;
Y=G+j*B;

delt (1) =0; delt (2) =0; delt (3) =0; delt (4) =0;
u (1) =1.0; u (2) =1.0; u (3) =1.0; u (4) =1.0;
p (1) =0.20; q (1) =0.20; p (2) =−0.45; q (2) =−0.15;
p (3) =−0.40; q (3) =−0.05; p (4) =−0.60; q (4) =−0.10;
k=0; precision=1;
N1=4;%the N1 is the amount of the PQ bus
while precision>0.00001
        delt (5) =0; u (5) =1.06;
for m=1：N1
   for n=1：N1+1

pt (n) =u (m)*u (n)*(G (m, n)*cos (delt (m) −delt (n)) +B (m, n)*sin (delt (m) −delt (n)));

qt (n) =u (m)*u (n)*(G (m, n)*sin (delt (m) −delt (n)) −B (m, n)*cos (delt (m) −delt (n)));
   end
   pp (m) =p (m) −sum (pt); qq (m) =q (m) −sum (qt);
end

for m=1：N1
   for n=1：N1+1
```

```
        h0 (n) =
u (m) * u (n) * (G (m, n) * sin (delt (m) −delt (n)) −B (m, n) * cos (delt (m) −delt (n)));

n0 (n) =−u (m) * u (n) * (G (m, n) * cos (delt (m) −delt (n)) +B (m, n) * sin (delt (m) −delt
(n)));

j0 (n) =−u (m) * u (m) * (G (m, n) * cos (delt (m) −delt (n)) +B (m, n) * sin (delt (m) −delt
(n)));

L0 (n) =−u (m) * u (n) * (G (m, n) * sin (delt (m) −delt (n)) −B (m, n) * cos (delt (m) −delt
(n)));

    end
H (m, m) =sum (h0) −u (m) ^2 * (G (m, m) * sin (delt (m) −delt (m)) −B (m, m) * cos (delt (m)
−delt (m)));

N (m, m) =sum (n0) −2 * u (m) ^2 * G (m, m) +u (m) ^2 * (G (m, m) * cos (delt (m) −delt (m)) +
B (m, m) * sin (delt (m) −delt (m)));

J (m, m) =sum (j0) +u (m) ^2 * (G (m, m) * cos (delt (m) −delt (m)) +B (m, m) * sin (delt (m) −
delt (m)));

L (m, m) =sum (L0) +2 * u (m) ^2 * B (m, m) +u (m) ^2 * (G (m, m) * sin (delt (m) −delt (m)) −
B (m, m) * cos (delt (m) −delt (m)));

  end
 for m=1：N1
    JJ (2 * m−1, 2 * m−1) =H (m, m); JJ (2 * m−1, 2 * m) =N (m, m);
    JJ (2 * m, 2 * m−1) =J (m, m); JJ (2 * m, 2 * m) =L (m, m);
 end

 for m=1：N1
    for n=1：N1
      if m==n

      else

H (m, n) =−u (m) * u (n) * (G (m, n) * sin (delt (m) −delt (n)) −B (m, n) * cos (delt (m) −delt
(n)));
    J (m, n) =
u (m) * u (n) * (G (m, n) * cos (delt (m) −delt (n)) +B (m, n) * sin (delt (m) −delt (n)));
    N (m, n) =−J (m, n); L (m, n) =H (m, n);
    JJ (2 * m−1, 2 * n−1) =H (m, n); JJ (2 * m−1, 2 * n) =N (m, n);
    JJ (2 * m, 2 * n−1) =J (m, n);    JJ (2 * m, 2 * n) =L (m, n);
      end
    end
  end
 for m=1：N1
   PP (2 * m−1) =pp (m); PP (2 * m) =qq (m);
 end
uu=−inv (JJ) * PP; precision=max (abs (uu));
```

```
for n=1∶N1
    delt (n) =delt (n) +uu (2*n−1);
        u (n) =u (n) +uu (2*n);
    end
k=k+1;
end
k−1, delt, u′
%the following program is used to calculate the S5 and Smn
for n=1∶N1+1
    U (n) =u (n) *(cos (delt (n)) +j*sin (delt (n)));
end

for m=1∶N1+1
    I (m) =Y (5, m) *U (m);
end
S5=U (5) *sum (conj (I))

for m=1∶N1+1
    for n=1∶N1+1
        S (m, n) =U (m) *(conj (U (m)) −conj (U (n))) *conj (−Y (m, n));
    end
end
S
```

说明：①编写程序时把平衡节点标为最大号，如在本例中标为 5 号；②因为在 MAT-LAB 中 i 和 j 是作为虚数单位，所以表示节点导纳矩阵的行号和列号的变量用 m 和 n。

（4）潮流计算结果如表 7-3 和表 7-4 所示。

表 7-3   迭代过程中各节点的电压

k	V_1	δ_1	V_2	δ_2	V_3	δ_3	V_4	δ_4
0	1.0	0	1.0	0	1.0	0	1.0	0
1	1.0430	−0.0473	1.0154	−0.0863	1.0141	−0.0922	1.0093	−0.1076
2	1.0368	−0.0461	1.0089	−0.0839	0.0074	−0.0896	1.0017	−0.01044
3	1.0365	−0.0461	1.0088	−0.0839	0.0073	−0.0896	1.0016	−0.1044
4	1.0365	−0.0461	1.0087	−0.0839	1.0073	−0.0896	1.0016	−0.1044

表 7-4   各 线 路 功 率 $\dot{S}_{mn}$

k	1	2	3	4	5
1	0	0.2469+j0.0815	0.2793+j0.0806	0.5489+j0.1333	−0.8751−j0.0954
2	−0.2431−j0.0701	0	0.1891−j0.0121	0	−0.3960−j0.0677
3	−0.2746−j0.0664	−0.1887+j0.0132	0	0.0633+j0.0033	0
4	−0.5370−j0.0977	0	−0.0630−j0.0023	0	0
5	0.8895+j0.1387	0.4087+j0.1058	0	0	0

【例 7－8】 网络接线如图 7－4 所示。支路阻抗分别为 $Z_{12}=j0.1$，$Z_{23}=j0.1$，$Z_{31}=$

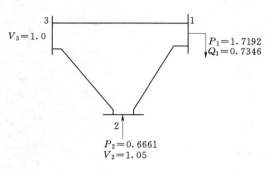

$j0.1$；三条支路两端的对地电纳皆是 $j0.01$。给定的注入功率分别为：$\dot{S}_1=-1.7192-j0.7346$；$\dot{S}_2=0.6661$。节点 1 是负荷节点，属于 PQ 节点；节点 2 给定的电压大小为 $V_2=1.05$，其属于 PV 节点；节点 3 是平衡节点，其电压保持定值，大小为 $V_3=1.0$。

图 7－4 ［例 7－8］的网络接线图

解： 本题与［例 7－7］的解题步骤一样，只是对于 PV 节点只能列出一个方程式。根据如图 7－3 所示的框图用 MATLAB5.3 编写程序，计算结果在表 7－5 和表 7－6 中列出。

表 7－5 迭代过程中各节点的电压

k	V_1	δ_1	V_2	δ_2	V_3	δ_3
0	1.0	0	1.05	0	1.0	0
1	0.9890	-0.0909	1.05	-0.0137	1.0	0
2	0.9849	-0.0923	1.05	-0.0138	1.0	0
3	0.9849	-0.0923	1.05	-0.0138	1.0	0

表 7－6 各 线 路 功 率

k	1	2	3
1		$-0.8111-j0.6283$	$-0.9081-j0.1257$
2	$0.8111+j0.6929$		$-0.1450+j0.5040$
3	$0.9081+j0.1725$	$0.1450-j0.5190$	

源程序：

```
%The following Program for load flow analysis is based on MATLAB5.3.
    clear
G (1, 1) =0; B (1, 1) =-19.98;   G (1, 2) =0; B (1, 2) =10;    G (1, 3) =0; B (1, 3) =10;
G (2, 1) =0; B (2, 1) =10;       G (2, 2) =0; B (2, 2) =-19.98; G (2, 3) =0; B (2, 3) =10;
G (3, 1) =0; B (3, 1) =10;       G (3, 2) =0; B (3, 2) =10;
G (3, 3) =0; B (3, 3) =-19.98;
YB=G+j*B;
delt (1) =0; u (1) =1.0;   delt (2) =0;
p (1) =-1.7192; q (1) =-0.7346; p (2) =0.6661; k=0; precision=1;

while precision>0.00001
u (2) =1.05;    delt (3) =0;    u (3) =1.0;
```

pp (1) ＝p (1) －u (1)＊u (1)＊G (1, 1) －u (1)＊u (2)＊ (G (1, 2)＊cos (delt (1) －delt (2)) ＋B (1, 2)＊sin (delt (1) －delt (2))) －u (1)＊u (3)＊ (G (1, 3)＊cos (delt (1) －delt (3)) ＋B (1, 3)＊sin (delt (1) －delt (3)));

qq (1) ＝q (1) ＋u (1)＊u (1)＊B (1, 1) －u (1)＊u (2)＊ (G (1, 2)＊sin (delt (1) －delt (2)) －B (1, 2)＊cos (delt (1) －delt (2))) －u (1)＊u (3)＊ (G (1, 3)＊sin (delt (1) －delt (3)) －B (1, 3)＊cos (delt (1) －delt (3)));

pp (2) ＝p (2) －u (2)＊u (2)＊G (2, 2) －u (2)＊u (1)＊ (G (2, 1)＊cos (delt (2) －delt (1)) ＋B (2, 1)＊sin (delt (2) －delt (1))) －u (2)＊u (3)＊ (G (2, 3)＊cos (delt (2) －delt (3)) ＋B (2, 3)＊sin (delt (2) －delt (3)));

H (1, 1) ＝
u (1)＊u (2)＊ (G (1, 2)＊sin (delt (1) －delt (2)) －B (1, 2)＊cos (delt (1) －delt (2))) ＋u (1)＊u (3)＊ (G (1, 3)＊sin (delt (1) －delt (3)) －B (1, 3)＊cos (delt (1) －delt (3)));

N (1, 1) ＝－u (1)＊u (2)＊ (G (1, 2)＊cos (delt (1) －delt (2)) ＋B (1, 2)＊sin (delt (1) －delt (2))) －2＊u (1)＊u (1)＊G (1, 1) －u (1)＊u (3)＊ (G (1, 3)＊cos (delt (1) －delt (3)) ＋B (1, 3)＊sin (delt (1) －delt (3)));

J (1, 1) ＝－u (1)＊u (2)＊ (G (1, 2)＊cos (delt (1) －delt (2)) ＋B (1, 2)＊sin (delt (1) －delt (2))) －u (1)＊u (3)＊ (G (1, 3)＊cos (delt (1) －delt (3)) ＋B (1, 3)＊sin (delt (1) －delt (3)));

L (1, 1) ＝－u (1)＊u (2)＊ (G (1, 2)＊sin (delt (1) －delt (2)) －B (1, 2)＊cos (delt (1) －delt (2))) ＋2＊u (1)＊u (1)＊B (1, 1) －u (1)＊u (3)＊ (G (1, 3)＊sin (delt (1) －delt (3)) －B (1, 3)＊cos (delt (1) －delt (3)));

H (2, 2) ＝u (2)＊u (1)＊ (G (2, 1)＊sin (delt (2) －delt (1)) －B (2, 1)＊cos (delt (2) －delt (1))) ＋u (2)＊u (3)＊ (G (2, 3)＊sin (delt (2) －delt (3)) －B (2, 3)＊cos (delt (2) －delt (3)));

H (1, 2) ＝－u (1)＊u (2)＊ (G (1, 2)＊sin (delt (1) －delt (2)) －B (1, 2)＊cos (delt (1) －delt (2)));

J (1, 2) ＝
u (1)＊u (2)＊ (G (1, 2)＊cos (delt (1) －delt (2)) ＋B (1, 2)＊sin (delt (1) －delt (2)));

H (2, 1) ＝－u (2)＊u (1)＊ (G (2, 1)＊sin (delt (2) －delt (1)) －B (2, 1)＊cos (delt (2) －delt (1)));

N (2, 1) ＝－u (2)＊u (1)＊ (G (2, 1)＊cos (delt (2) －delt (1)) ＋B (2, 1)＊sin (delt (2) －delt (1)));

JJ＝[H (1, 1)　N (1, 1)　H (1, 2)
　　J (1, 1)　L (1, 1)　J (1, 2)
　　　H (2, 1)　N (2, 1)　H (2, 2)];
pp＝ [pp (1)　qq (1)　pp (2)] ′;
uu＝－JJ \ pp;
precision＝max (abs (uu));

delt (1) ＝delt (1) ＋uu (1);
u (1) ＝u (1) ＋uu (2);
delt (2) ＝delt (2) ＋uu (3);

k＝k＋1;
end
k－1, delt, u,

y10＝j＊0.02；y12＝－j＊10；y20＝j＊0.02；y21＝－j＊10；

y23＝－j＊10；y30＝j＊0.02；y31＝－j＊10；

s12＝u (1)＊u (1)＊conj (y10) ＋u (1)＊ (cos (delt (1)) ＋j＊sin (delt (1)))＊conj (u (1)＊ (cos (delt (1))

＋j＊sin (delt (1)))） －u (2)＊ (cos (delt (2)) ＋j＊sin (delt (2)))＊conj (y12)；

s21＝u (2)＊u (2)＊conj (y20) ＋u (2)＊ (cos (delt (2)) ＋j＊sin (delt (2)))＊conj (u (2)＊ (cos (delt (2))

＋j＊sin (delt (2)))） －u (1)＊ (cos (delt (1)) ＋j＊sin (delt (1)))＊conj (y21)；

s12

s21；

s23＝u (2)＊u (2)＊conj (y20) ＋u (2)＊ (cos (delt (2)) ＋j＊sin (delt (2)))＊conj (u (2)＊ (cos (delt (2))

＋j＊sin (delt (2)))） －u (3)＊ (cos (delt (3)) ＋j＊sin (delt (3)))＊conj (y23)；

s23

s31＝u (3)＊u (3)＊conj (y30) ＋u (3)＊ (cos (delt (3)) ＋j＊sin (delt (3)))＊conj (u (3)＊ (cos (delt (3))

＋j＊sin (delt (3)))） －u (1)＊ (cos (delt (1)) ＋j＊sin (delt (1)))＊conj (y31)；

s31

第二节　短路电流计算程序的实现

一、三相短路电流计算程序

计算短路电流周期分量，如 $I''(I')$ 时，实际上就是求解交流电路的稳态电流，其数学模型也就是网络的线性代数方程，一般选用节点电压方程。方程的系数矩阵是对称的。在短路电流计算中变化的量往往是方程的常数项，需要多次求解线性方程组。

1. 等值网络

图 7-5 给出了不计负荷情况下计算短路电流 I'' 的等值网络。在图 7-5 中 G 代表发电机端电压节点，发电机等值电势和电抗分别为 $\dot{E}''$ 和 x''_d，D 表示负荷节点，f 点为直接短路点。应用叠加原理如图 7-5 所示。正常运行方式为空载运行，网络中各点电压均为 1；在故障分量网络中。只需作故障分量的计算。由图 7-5 的故障分量网络可见，这个网络与潮流计算的网络的差别在于发电机节点上多接了对地电抗 x''_d。当然如果短路计算中可以忽略线路电阻和电纳，而且不计变压器的实际变比，则短路计算网络较潮流计算网络简化，而且网络本身是纯感性的。

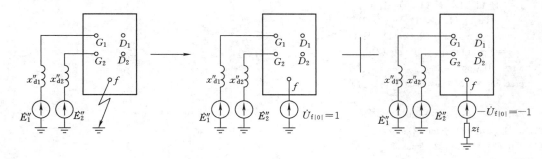

图 7-5　在不计负荷情况下计算短路电流 I'' 的等值电路

2. 用节电阻抗矩阵计算短路电流

如果已经形成了故障分量网络的节点阻抗矩阵，则矩阵中的对角元素就是网络从 f 点看进去的等值阻抗，又称为 f 点的自阻抗。Z_{fi} 为 f 点与 i 点的互阻抗，均用大写 Z 表示。
由节点方程中的第 f 个方程：$\dot U_f = Z_{f1}\dot I_1 + Z_{f2}\dot I_2 + \cdots + Z_{ff}\dot I_f + \cdots + Z_{fn}\dot I_n$。$Z_{ff}$ 为其他节电电流为零时，节点 f 的电压和电流之比，即网络对 f 点的等值阻抗。

根据故障分量网络，直接应用戴维南定理可求得短路电流（由故障点流出）为

$$\dot I_f = \frac{\dot U_{f|0|}}{Z_{ff} + z_f} \tag{7-23}$$

式中　z_f——接地阻抗；

$\dot U_{f|0|}$——f 点短路前的电压。

如果短路点为直接短路，则 $z_f=0$，在实用计算中采用

$$\dot I_f = \frac{\dot U_{f|0|}}{Z_{ff}} \approx \frac{1}{Z_{ff}} \tag{7-24}$$

因此，一旦形成了节点阻抗矩阵，任一点的短路电流即可方便地求出，即等于该点自阻抗（该点对角元素）的倒数。

节点导纳矩阵的特点是易于形成，当网络结构变化时也容易修改，而且矩阵本身是很稀疏的，但是应用它计算短路电流不如用节点阻抗矩阵那样直接。由于节点阻抗矩阵 Z_B 是节点导纳矩阵 Y_B 的逆矩阵，可以先求 Y_B 再求 Z_B（等于 Y_B^{-1}），或者 Z_B 中的部分元素。具体计算可以采用以下步骤：

（1）应用 Y_B 计算短路点 f 的自阻抗和互阻抗 Z_{1f}，Z_{2f}，$\cdots$，Z_{nf}。

（2）应用式（7-23）计算短路电流。

3. 计算节点电压和支路电流

由故障分量网络可知，只有节点 f 有节点电流 $-\dot I_f$，各节点电压的故障分量为

$$\begin{bmatrix} \Delta\dot U_1 \\ \Delta\dot U_2 \\ \vdots \\ \Delta\dot U_f \\ \vdots \\ \Delta\dot U_n \end{bmatrix} = \begin{bmatrix} Z_{11} & Z_{12} & \cdots & Z_{1f} & \cdots & Z_{1n} \\ Z_{21} & Z_{22} & \cdots & Z_{2f} & \cdots & Z_{2n} \\ \vdots & & & & & \\ Z_{f1} & Z_{f2} & \cdots & Z_{ff} & \cdots & Z_{fn} \\ \vdots & & & & & \\ Z_{n1} & Z_{n2} & \cdots & Z_{nf} & \cdots & Z_{nn} \end{bmatrix} \begin{bmatrix} 0 \\ 0 \\ \vdots \\ -\dot I_f \\ 0 \\ \vdots \end{bmatrix} = \begin{bmatrix} Z_{1f} \\ Z_{2f} \\ \vdots \\ Z_{ff} \\ \vdots \\ Z_{nf} \end{bmatrix}(-\dot I_f) \tag{7-25}$$

所以，各节点短路故障后的电压为

$$\left. \begin{aligned} \dot U_1 &= \dot U_{1|0|} + \Delta\dot U_1 = \dot U_{1|0|} - Z_{1f}\dot I_1 \\ \dot U_2 &= \dot U_{2|0|} + \Delta\dot U_2 = \dot U_{2|0|} - Z_{2f}\dot I_2 \\ &\vdots \\ \dot U_f &= \dot U_{f|0|} + \Delta\dot U_f = 0 \\ &\vdots \\ \dot U_n &= \dot U_{n|0|} + \Delta\dot U_n = \dot U_{n|0|} - Z_{nf}\dot I_f \end{aligned} \right\} \tag{7-26}$$

任一支路 $i-j$ 的电流为

$$\dot{I}_{ij} = \frac{\dot{U}_i - \dot{U}_j}{z_{ij}} \qquad\qquad (7-27)$$

式中 z_{ij}——$i-j$ 支路的阻抗。

这种计算方法实际上就是利用节点导纳矩阵一次求得与故障点有关的一列节点阻抗矩阵元素，应用节点导纳矩阵计算短路电流的原理框图如图 7-6 所示。

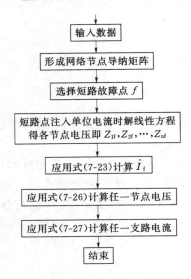

图 7-6 应用节点导纳矩阵
计算短路电流的原理框图

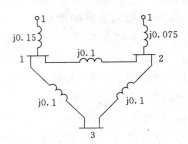

图 7-7 某电力系统的简化等值电路

【例 7-9】 某三节点简单电力系统的简化等值电路如图 7-7 所示，阻抗参数标幺值已经标在图上，发电机电压近似认为是 1。应用计算机算法计算节点 3 三相短路电流及各节点电压和各支路电流。

解： 不计负荷的影响。下面给出计算步骤和源程序。

(1) 计算步骤：

1) 形成节点导纳矩阵。

2) 因为 $Y_B U = I$，所以 $U = Y_B^{-1} I$。取 $I = \begin{bmatrix} 0 & 0 & 1 \end{bmatrix}^T$，即节点 3 注入单位电流，求得电压相量，即节点 3 的自阻抗和互阻抗—— $\begin{bmatrix} Z_{13} & Z_{23} & Z_{33} \end{bmatrix}^T$。

3) 应用式 (7-24) 计算短电流。

4) 应用式 (7-26) 计算各点电压。

5) 应用式 (7-27) 计算线路故障电流。

(2) 源程序如下：

```
clear
ZZ (1, 2) =j* 0.1; ZZ (1, 3) =j* 0.1; ZZ (2, 3) =j* 0.1;%节点 i, j 之间的阻抗（i<j）
YB= [-j* 26.6266 j* 10      j* 10
     j* 10     -j* 33.2933 j* 10
```

```
    j* 10    j* 10    −j* 19.96];%输入节点导纳矩阵
n=3;%输入网络的节点数
k=3;%确定短路点的节点号

for i=1：n
  if i==k
    II (i) =1;
  else
    II (i) =0;
  end
end

Z (：, k) =YB \ II';
Zk=Z (：, k)%节点 m 的自阻抗和互阻抗
k, Ik=1/Z (k, k)

for i=1：n
  U (i) =1−Z (i, k)* Ik;
end
Un=U'

for i=1：n
  for j=1：n
    if i<j
    I (i, j) = (U (i) −U (j)) /ZZ (i, j);%支路电流的实用计算
    ij (1) =i; ij (2) =j;
    ij, Iij=I (i, j)
    end
  end
end
```

二、不对称短路故障计算程序

1. 不对称短路故障的计算步骤

（1）近似的实用计算中，对于短路故障可假设各节点短路前瞬间电压均为 1。如果要求准确计算故障前的运行情况，则需要进行潮流计算。

（2）形成正序、负序和零序节点导纳矩阵。发电机的正序电抗用 x''_d，可计算故障后瞬时的量。发电机的负序电抗近似等于 x''_d。当不考虑负荷影响时，在正、序负序网络不接入负荷阻抗。因为负荷的中性点一般不接地，所以零序无通路。

（3）形成三个序网的节点导纳矩阵后，可求得故障端点的等值阻抗。对于短路故障，只要令 $\dot{I}_f=1$（其余节点电流均为零），分别应用三个序网的节点导纳矩阵求解一次即可得到三个序网和 f 点的有关阻抗。

（4）根据不同的故障，分别利用表 7 - 7 列出的公式计算故障处各序电流、电压，进而合成得到三相电流、电压。

（5）计算网络中任一点的电压为

$$\left.\begin{aligned}
\dot{U}_{i(1)} &= \dot{U}_{i|0|} - \dot{I}_{f(1)} Z_{if(1)} \\
\dot{U}_{i(2)} &= - \dot{I}_{f(2)} Z_{if(2)} \\
\dot{U}_{i(0)} &= - \dot{I}_{f(0)} Z_{if(0)}
\end{aligned}\right\} \qquad (7-28)$$

式中　　$\dot{U}_{i|0|}$——短路前 i 点的电压。

表 7-7   **三种不对称短路在短路点处的各序电流、电压计算公式**

短 路 类 型	短路点各序电流计算公式	短路点各序电压计算公式
单相短路	$\dot{I}_{f(1)} = \dot{I}_{f(2)} = \dot{I}_{(0)} = \dfrac{\dot{U}_{f\mid0\mid}}{Z_{ff(1)} + Z_{ff(2)} + Z_{ff(0)}}$	$\dot{U}_{f(1)} = \dot{U}_{f\mid0\mid} - \dot{I}_{f(1)} Z_{ff(1)}$ $\dot{U}_{f(2)} = -\dot{I}_{f(2)} Z_{ff(2)}$ $\dot{U}_{f(0)} = -\dot{I}_{(0)} Z_{ff(0)}$
两相短路	$\dot{I}_{f(1)} = -\dot{I}_{f(2)} = \dfrac{\dot{U}_{f\mid0\mid}}{Z_{ff(1)} + Z_{ff(2)}}$	$\dot{U}_{f(1)} = \dot{U}_{f\mid0\mid} - \dot{I}_{f(1)} Z_{ff(1)}$ $\dot{U}_{f(2)} = -\dot{I}_{f(2)} Z_{ff(2)}$
两相短路接地	$\dot{I}_{f(1)} = \dfrac{\dot{U}_{f\mid0\mid}}{Z_{ff(1)} + Z_{ff(2)} Z_{ff(0)} / (Z_{ff(2)} + Z_{ff(0)})}$ $\dot{I}_{f(2)} = -\dot{I}_{f(1)} \dfrac{Z_{ff(0)}}{Z_{ff(2)} + Z_{ff(0)}}$ $\dot{I}_{ff} = -\dot{I}_{f(1)} \dfrac{Z_{ff(2)}}{Z_{ff(2)} + Z_{ff(0)}}$	同单相接地

（6）对于短路故障，任一支路的各序电流均可用下式计算为

$$\left. \begin{aligned} \dot{I}_{ij(1)} &= \frac{\dot{U}_{i(1)} - \dot{U}_{j(1)}}{Z_{ij(1)}} \\ \dot{I}_{ij(2)} &= \frac{\dot{U}_{i(2)} - \dot{U}_{j(2)}}{Z_{ij(2)}} \\ \dot{I}_{ij(0)} &= \frac{\dot{U}_{i(0)} - \dot{U}_{j(0)}}{Z_{ij(0)}} \end{aligned} \right\} \qquad (7-29)$$

将各序分量合成相量的问题，涉及计算点和故障点之间的变压器的连接方式，在［例 7-10］的源程序中有所反映。

2. 计算原理框图

应用对称分量法计算不对称短路故障的计算步骤是很简明的。图 7-8 给出计算短路故障的计算程序原理框图。

3. 例题

【例 7-10】   编写程序计算［例 7-9］中节点 3 发生单相短路接地、两相短路的瞬时。①节点 1 和节点 2 的电压；②线路 1-2、1-3 和 2-3 的电流；③发电机 #1、#2 的端电压。

解： 瞬时的含义：发电机的正序电抗用 x''_d，负序电抗近似等于 x''_d。计算结果如表 7-8～表 7-10所示。

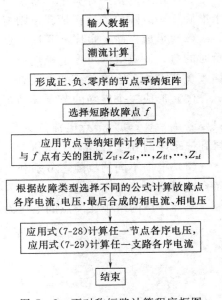

图 7-8   不对称短路计算程序框图

表 7 - 8　　　　　　　节　点　电　压

节　点	节点 1 电压	节点 2 电压	节点 3 电压
单相接地	$V_a=0.5829$ $V_b=0.9514$ $V_c=0.9514$	$V_a=0.6614$ $V_b=0.9522$ $V_c=0.9522$	$V_a=0$ $V_b=1.0256$ $V_c=1.0256$
两相短路	$V_a=1.0$ $V_b=0.6337$ $V_c=0.6337$	$V_a=1.0$ $V_b=0.6813$ $V_c=0.6813$	$V_a=1.0$ $V_b=0.5$ $V_c=0.5$

表 7 - 9　　　　　　　支　路　电　流

支　路	支路 1 - 2	支路 1 - 3	支路 2 - 3
单相接地	$I_a=0.6613$ $I_b=0.1444$ $I_c=0.1444$	$I_a=4.3387$ $I_b=0.0659$ $I_c=0.0659$	$I_a=5.0$ $I_b=0.0785$ $I_c=0.0785$
两相短路	$I_a=0$ $I_b=0.7341$ $I_c=0.7341$	$I_a=0$ $I_b=3.8931$ $I_c=3.8931$	$I_a=0$ $I_b=4.6272$ $I_c=4.6272$

表 7 - 10　　　　　　发 电 机 的 机 端 电 压

发电机	#1	#2	发电机	#1	#2
单相接地	$V_a=0.8317$ $V_b=1.0$ $V_c=0.8317$	$V_a=0.8567$ $V_b=1.0$ $V_c=0.8567$	两相短路	$V_a=0.7420$ $V_b=1.0$ $V_c=0.7420$	$V_a=0.7788$ $V_b=1.0$ $V_c=0.7788$

源程序：

```
clear
ZZ1 (1, 2) =j* 0.1; ZZ1 (1, 3) =j* 0.1;
ZZ1 (2, 3) =j* 0.1; 2 节点 m, n 之间的正序阻抗（m＜n）
ZZ2 (1, 2) =j* 0.1; ZZ2 (1, 3) =j* 0.1;
ZZ2 (2, 3) =j* 0.1;%节点 m, n 之间的负序阻抗（m＜n）
ZZ0 (1, 2) =j* 0.2; ZZ0 (1, 3) =j* 0.2;
ZZ0 (2, 3) =j* 0.2;%节点 m, n 之间的零序阻抗（m＜n）
Y1= [−j* 26.6266 j* 10      j* 10
      j* 10      −j* 33.2933 j* 10
      j* 10       j* 10      −j* 19.96];%输入正序网络节点导纳矩阵
Y2= [−j* 26.6266 j* 10      j* 10
      j* 10      −j* 33.2933 j* 10
      j* 10       j* 10      −j* 19.96];%输入负序网络节点导纳矩阵
Y0= [−j* 30      j* 5       j* 5
      j* 5      −j* 50      j* 5
      j* 5       j* 5      −j* 10];%输入零序网络节点导纳矩阵
```

```
YY1＝ ［－j＊39.96  j＊10    j＊10    j＊20    0
         j＊10    －j＊59.96 j＊10    0      j＊40
         j＊10    j＊10    －j＊19.96 0      0
         j＊20    0      0      －j＊30  0
         0      j＊40    0      0      －j＊60］；
YY2＝YY1；%输入包括发电机机端电压节点的正，负序网络节点导纳矩阵


N1＝3；%输入网络的节点数
N2＝5；%输入包括所有发电机节点的网络的节点数
k＝3；%输入短路点的节点号
fault＝1；%输入短路类型 f (3) ＝3；f (1) ＝1；f (2) ＝2；f (1, 1) ＝4

 %第一部分：计算所有节点的 a，b，c 三相电压
 for p＝1：N1
    if p＝＝k
       I (p) ＝1；
       else
          I (p) ＝0；
       end
 end

 Z1 (：, k) ＝Y1 \ I'；Zk1＝Z1 (：, k)；%正序网络中节点 m 的自阻抗和互阻抗
 Z2 (：, k) ＝Y2 \ I'；Zk2＝Z2 (：, k)；%负序网络中节点 m 的自阻抗和互阻抗
 Z0 (：, k) ＝Y0 \ I'；Zk0＝Z0 (：, k)；%零序网络中节点 m 的自阻抗和互阻抗

 if fault＝＝1%根据故障类型选择不同的计算公式
    Ik1＝1/ (Z1 (k, k) ＋Z2 (k, k) ＋Z0 (k, k))；
    Ik2＝Ik1；Ik0＝Ik1；
    else
       if fault＝＝2
          Ik1＝1/ (Z1 (k, k) ＋Z2 (k, k))；
          Ik2＝－Ik1；Ik0＝0；
       else
          if fault＝＝3
             Ik1＝1/Z1 (k, k)；Ik2＝0；Ik0＝0；
             else
             if fault＝＝4
                Ik1＝1/ (Z1 (k, k) ＋Z2 (k, k)＊Z0 (k, k) / (Z2 (k, k) ＋Z0 (k, k)))；
                Ik2＝－Ik1＊Z0 (k, k) / (Z2 (k, k) ＋Z0 (k, k))；
                Ik0＝－Ik1＊Z2 (k, k) / (Z2 (k, k) ＋Z0 (k, k))；
             end
          end
       end
 end
 Ik1  %计算短路节点的正序电流
```

```
for p＝1：N1
   if p＝＝k
     I1 (p) ＝－Ik1;
     I2 (p) ＝－Ik2;
     I0 (p) ＝－Ik0;
   else
     I1 (p) ＝0;
     I2 (p) ＝0;
     I0 (p) ＝0;
    end
end
uu1 (：，k) ＝Y1 \ I1.′;
uu2 (：，k) ＝Y2 \ I2.′;
uu0 (：，k) ＝Y0 \ I0.′;

for p＝1：N1
   U1 (p) ＝1;
end
u1＝U1′＋uu1 (：，k);％计算所有节点正序电压
u2＝uu2 (：，k);　　　％计算所有节点负序电压
u0＝uu0 (：，k);　　　％计算所有节点零序电压

a＝－0.5＋j* sqrt (3) /2;
T＝[1    1    1
       a^2   a    1
       a    a^2  1];
for p＝1：N1
     U＝ [u1 (p)  u2 (p)  u0 (p)];
     p
     Uabc＝T* U.′;    ％T 为对称分量法的合成矩阵
     UUabc＝abs (Uabc)％UUabc 表示 i 节点的 a，b，c 三相电压有效值
end

％第二部分：计算支路电流
  for p＝1：N1
     U1 (p) ＝1;
  end
u1＝U1′＋uu1 (：，k);％计算所有节点正序电压
u2＝uu2 (：，k);％计算所有节点负序电压
u0＝uu0 (：，k);％计算所有节点零序电压
for m＝1：N1
   for n＝1：N1
     if m＜n
       mn (1) ＝m; mn (2) ＝n;
       mn
```

```
    I1 (m, n) = (u1 (m) －u1 (n)) /ZZ1 (m, n);%正序支路电流的实用计算
    I2 (m, n) = (u2 (m) －u2 (n)) /ZZ2 (m, n);%负序支路电流的实用计算
    I0 (m, n) = (u0 (m) －u0 (n)) /ZZ0 (m, n);%零序支路电流的实用计算
    Iabc＝T* ［I1 (m, n)   I2 (m, n)   I0 (m, n)］.';
    Iabc%Iabc 表示支路 (m, n) 的 a, b, c 三相电流
    abs (Iabc)
      end
    end
  end
%第三部分：计算发电机的端电压
for p＝1：N2
  if p==k
    II (p) ＝－Ik1;
  else
    II (p) ＝0;
  end
end
vv1 (:, k) ＝YY1 \ II.';
vv2 (:, k) ＝YY2 \ II.';
for p＝1：N2
  V1 (p) ＝1;
end
v1＝V1'+vv1 (:, k); v2＝vv2 (:, k); v0＝0;
a1＝sqrt (3) /2+j* 0. 5; a2＝sqrt (3) /2－j* 0. 5; a0＝0;
for m＝N1＋1：N2
m
Vabc＝T* ( ［v1 (m) v2 (m) v0］. * ［a1 a2 a0］).';%考虑到变压器为 Y/△－11 接线
VVabc＝abs (Vabc)%VVabc 表示发电机机端 a, b, c 三相电压的有效值
end
```

第三节　暂态稳定计算程序的实现

电力系统暂态稳定计算实际上就是求解发电机转子运动方程的初值问题，从而得出 δ—t 和 ω—t 的关系曲线。每台发电机的转子运动方程是两个一阶非线性的常微分方程。因此，首先介绍常微分方程的初值问题的数值解法。

一、常微分方程的初值问题

1. 问题及求解公式的构造方法

我们讨论的一阶微分方程的初值问题为

$$\begin{cases} y'(x) = f(x,y), a \leqslant x \leqslant b \\ y(x_0) = y_0 \end{cases} \tag{7-30}$$

设初值问题式（7-30）的解为 $y(x)$，为了求其数值解而采取离散化方法，在求解区间 $[a、b]$ 上取一组节点

$$a = x_0 < x_1 < \cdots < x_i < x_{i+1} < \cdots < x_n = b$$

称 $h_i = x_{i+1} - x_i$ $(i = 0，1，\cdots，n-1)$ 为步长。在等步长的情况下，步长为

$$h = \frac{b-a}{n}$$

用 y_i 表示在节点 x_i 处解的准确值 $y(x_i)$ 的近似值。

设法构造序列 $\{y_i\}$ 所满足的一个方程（称为差分方程）

$$y_{i+1} = y_i + h\varphi(x_i, y_i, h) \tag{7-31}$$

作为求解公式，这是一个递推公式，从 $(x_0，y_0)$ 出发，采用步进方式，自左相右逐步算出 $y(x)$ 在所有节点 x_i 上的近似值 y_i $(i = 1，2，\cdots，n)$。

在式（7-31）中，为求 y_{i+1} 只用到前面一步的值 y_i，这种方法称为单步法。在式（7-31）中的 y_{i+1} 由 y_i 明显表示出，称为显式公式。而形如

$$y_{i+1} = y_i + h\psi(x_i, y_i, y_{i+1}, h) \tag{7-32}$$

的公式称为隐式公式，因为其右端 ψ 中还包括 y_{i+1}。

如果由公式求 y_{i+1} 时，不止用到前一个节点的值，则称为多步法。由式（7-30）可得

$$dy = f(x, y)dx \tag{7-33}$$

两边在 $[x_i，x_{i+1}]$ 上积分，得

$$y(x_{i+1}) = y(x_i) + \int_{x_i}^{x_{i+1}} f[x, y(x)]dx \tag{7-34}$$

由此可以看出，如果想构造求解公式，就要对右端的积分项作某种数值处理。这种求解公式的构造方法叫做数值积分法。

2. 一般的初值问题的解法

（1）欧拉格式和改进欧拉格式。对于初值问题式（7-30），采用数值积分法，从而得到式（7-34）。对于式（7-34）右端的积分用矩形公式（取左端点），则得到

$$\int_{x_i}^{x_{i+1}} f(x, y(x))dx \approx hf[x_i, y(x_i)]$$

进而得到式（7-30）的求解公式为

$$y_{i+1} = y_i + hf(x_i, y_i) \quad (i = 0,1,2,n-1) \tag{7-35}$$

此公式称为欧拉（Euler）格式。

如果对式（7-34）右端的积分用梯形公式

$$\int_{x_i}^{x_{i+1}} f[x, y(x)]dx \approx \frac{h}{2}\{f[x_i, y(x_i)] + f[x_{i+1}, y(x_{i+1})]\}$$

则可以得到初值问题式（7-30）的梯形求解公式为

$$y_{i+1} = y_i + \frac{h}{2}[f(x_i, y_i) + f(x_{i+1}, y_{i=1})] \quad (i = 0,1,2,n-1) \tag{7-36}$$

此公式称为隐式公式。可以采取先用欧拉格式求一个 $y(x_{i+1})$ 的初步近似值，记作 $\overline{y}_{i+1}$，称之为预报值，然后用预报值 $\overline{y}_{i+1}$ 替代式（7-36）右端的 y_{i+1}，再计算得到 y_{i+1}，称之为校正值，这样建立起来的预报—校正方法称为改进欧拉格式

$$\begin{cases} \overline{y}_{i+1} = y_i + h f(x_i, y_i) \\ y_{i+1} = y_i + \dfrac{h}{2}[f(x_i, y_i) + f(x_{i+1}, \overline{y}_{i+1})] \end{cases} \tag{7-37}$$

（2）龙格—库塔法。在单步法中，应用最广泛的是龙格—库塔（Runge-Kutta）法，简称 R—K 法。下面直接给出一种四阶的龙格—库塔法的计算公式，即

$$\begin{cases} y_{i=1} = y_i + \dfrac{1}{6}(K_1 + 2K_2 + 2K_3 + K_4) \\ K_1 = h f(x_i, y_i) \\ K_2 = h f\left(x_i + \dfrac{h}{2}, y_i + \dfrac{1}{2}K_1\right) \\ K_3 = h f\left(x_i + \dfrac{h}{2}, y_i + \dfrac{1}{2}K_2\right) \\ K_4 = h f(x_i + h, y_i + K_3) \end{cases} \tag{7-38}$$

它也称为标准（古典）龙格—库塔法。

【例 7-11】　研究下列微分方程的初值问题

$$\begin{cases} y' = \dfrac{1}{1+x^2} - 2y^2 \\ y(0) = 0 \end{cases}$$

解：这是一个特殊的微分方程，其解的解析式可以给出，即

$$y = \dfrac{x}{1+x^2}$$

应用龙格—库塔法，取 $h=0.25$，根据式（7-38）编写一段程序，由零开始自左相右逐步算出 $y(x)$ 在所有节点 x_i 上的近似值 y_i。计算结果见表 7-11。计算结果表明，四阶龙格—库塔法的精度是较高的。

表 7-11　　　　　　　　　　　[例 7-11] 的计算过程和结果

x_n	y_n	$y(x_n) - y_n$	x_n	y_n	$y(x_n) - y_n$
2.0	0.39995699	4.3e−5	6.0	0.16216179	3.7e−7
4.0	0.23529159	2.5e−6	8.0	0.12307683	9.2e−8

实际上，MATLAB 为常微分方程提供了很好的解题指令，使得求解常微分方程变得很容易，并且能将问题及解答表现在图形上。因此，我们可以不用根据式（7-38）编写较复杂的程序，而只需应用 MATLAB 提供的常微分方程解题器来解决问题。下面给出用 MATLAB5.3 编写的解题程序。

首先编写描述常微分方程的 ODE 文件，文件名为 'myfun'，便于解题器调用它。

```
function dy = myfun (x, y)
dy = zeros (1, 1);
dy=1/ (1+x^2) −2* y^2;
```

再编写利用解题器指令求解 y 的程序。

```
clear
```

```
x0＝0；
for i＝1：4
xm＝2*i；
y0＝0；
[x，y] ＝ ode45 （'myfun'，[x0 xm]，[y0]）；
format long
y （length （y））
end
plot （x，y，'－'）
```

　　运行上述程序，在得到几个点的函数值的同时，也得到函数 y 的曲线，如图 7 - 9 所示。

二、简单电力系统的暂态稳定性

1. 物理过程分析

　　某简单电力系统如图 7 - 10 （a） 所示，正常运行时发电机经过变压器和双回线路向无限大系统供电。发电机用电势 $\dot{E}'$ 作为其等值电势，则电势 $\dot{E}'$ 与无限大系统间的电抗为

$$x_\mathrm{I} = x'_\mathrm{d} + x_\mathrm{T1} + \frac{x_\mathrm{L}}{2} + x_\mathrm{T2} \qquad (7-39)$$

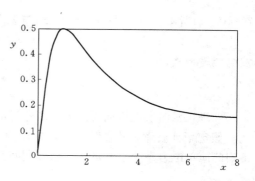

7 - 9　根据[例 7 - 11]的运算结果画出 y 的曲线

这时发电机发出的电磁功率可表示为

$$P_\mathrm{I} = \frac{E'U}{x_\mathrm{I}}\sin\delta = P_\mathrm{IM}\sin\delta \qquad (7-40)$$

　　如果突然在一回输电线路始端发生不对称短路，如图 7 - 10 （b） 所示。故障期间发

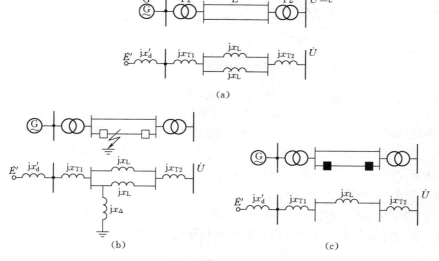

图 7 - 10　简单电力系统及其等值电路

（a） 正常运行方式及其等值电路；（b） 故障情况及其等值电路；

（c） 故障切除后及其等值电路

电机电势 $\dot{E}'$ 与无限大系统之间的联系电抗为

$$x_{\mathrm{II}} = (x'_{\mathrm{d}} + x_{\mathrm{T1}}) + \left(\frac{x_{\mathrm{L}}}{2} + x_{\mathrm{T2}}\right) + \frac{(x'_{\mathrm{d}} + x_{\mathrm{T1}})\left(\frac{x_{\mathrm{L}}}{2} + x_{\mathrm{T2}}\right)}{x_{\Delta}} \tag{7-41}$$

在故障情况下发电机输出的电磁功率为

$$P_{\mathrm{II}} = \frac{E'U}{x_{\mathrm{II}}}\sin\delta = P_{\mathrm{IIM}}\sin\delta \tag{7-42}$$

　　在短路故障发生之后，线路继电保护装置将迅速断开故障线路两端的断路器，如图 7-10（c）所示。此时发电机电势 $\dot{E}'$ 与无限大系统间的联系电抗为

$$x_{\mathrm{III}} = x'_{\mathrm{d}} + x_{\mathrm{T1}} + x_{\mathrm{L}} + x_{\mathrm{T2}} \tag{7-43}$$

发电机输出的功率为

$$P_{\mathrm{III}} = \frac{E'U}{x_{\mathrm{III}}}\sin\delta = P_{\mathrm{IIIM}}\sin\delta \tag{7-44}$$

　　如果正常时发电机向无限大系统输送的有功功率为 P_0，则原动机输出的机械功率 $P_{\mathrm{T}} = P_0$。假定不计故障后几秒钟之内调速器的作用，即认为机械功率始终保持 P_0。因此，可以得到此简单电力系统正常运行、故障期间及故障切除后的功率特性曲线如图 7-11 所示。

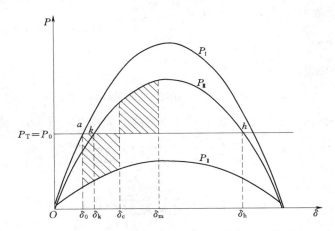

图 7-11　简单系统正常运行、故障期间及故障
切除后的功率特性曲线

　　对于上述简单电力系统，我们可以根据等面积定则求得极限切除角。但是，实际工作需要知道在多少时间之内切除故障线路，也就是要知道与极限切除角对应的极限切除时间。要解决这个问题，必须求解发电机的转子运动方程。

　　2. 求解发电机的转子运动方程

　　求解发电机转子运动方程可以得出 $\delta—t$ 和 $\omega—t$ 的关系曲线。其中 $\delta—t$ 曲线一般称为摇摆曲线。在上述简单电力系统中故障期间的转子运动方程为

$$\begin{cases} \dfrac{\mathrm{d}\delta}{\mathrm{d}t} = (\omega - 1)\omega_1 \\[2mm] \dfrac{\mathrm{d}\omega}{\mathrm{d}t} = \dfrac{1}{T_{\mathrm{J}}}(P_{\mathrm{T}} - P_{\mathrm{IIM}}\sin\delta) \end{cases} \tag{7-45}$$

式中　　　　δ——功率角，其单位为弧度；

　　　　　　ω——转子角速度，标幺值；

　　　　　　ω_1——转子的同步角速度，即 $\omega_1 = 2\pi f = 314.16$，rad/s；

　　　　　　T_J——发电机的惯性时间常数，s；

　　P_T、P_{IIM}——机械和电磁功率，标幺值。

　　这是两个一阶的非线性常微分方程，它的起始条件是已知的，即

$$t = t_0 = 0, \quad \omega = \omega_0 = 1.0, \quad \delta = \delta_0 = \arcsin^{-1} \frac{P_T}{P_{IM}}$$

　　故障切除后，由于系统参数改变，以致发电机功率特性发生变化，必须开始求解另一组微分方程为

$$\left\{ \begin{array}{l} \dfrac{\mathrm{d}\delta}{\mathrm{d}t} = (\omega - 1)\omega_1 \\[3mm] \dfrac{\mathrm{d}\omega}{\mathrm{d}t} = \dfrac{1}{T_J}(P_T - P_{IIIM}\sin\delta) \end{array} \right. \tag{7-46}$$

式中变量含义同前述，其中 P_{IIIM} 也为标幺值。这组方程的起始条件为

$$t = t_c; \quad \delta = \delta_c; \quad \omega = \omega_c$$

式中　　　　t_c——给定的切除时间；

　　δ_c、ω_c——与 t_c 时刻对应的 δ 和 ω，它们可由故障期间的 $\delta - t$ 和 $\omega - t$ 的关系曲线求得（δ 和 ω 都是不突变的）。

　　一般来说，在计算故障发生后几秒钟的过程中，如果 δ 始终不超过 $180°$，而且振荡幅值越来越小，则系统是暂态稳定的。

　　当发电机与无限大系统之间发生振荡或失去同步时，在发电机的转子回路中，特别是阻尼绕组中将有感应电流而形成阻尼转矩（也称为异步转矩）。当作微小振荡时，阻尼功率为

$$P_D = D\Delta\omega = D(\omega - 1) \tag{7-47}$$

式中　　D——阻尼功率系数；

　　$\Delta\omega$——转子角速度的偏移量，标幺值；

　　ω——转子角速度，标幺值。

　　阻尼功率系数 D 除了与发电机的参数有关外，还和原始功角、$\Delta\delta$ 的振荡频率有关。在一般情况下它是正数。在原始功角较小，或者定子回路中有串联电容使定子回路总电阻相对于总电抗较大时，D 可能为负数。如果考虑阻尼功率的影响，则故障后的转子运动方程又可表达为

$$\left\{ \begin{array}{l} \dfrac{\mathrm{d}\delta}{\mathrm{d}t} = (\omega - 1)\omega_1 \\[3mm] \dfrac{\mathrm{d}\omega}{\mathrm{d}t} = \dfrac{1}{T_J}[P_T - D(\omega - 1) - P_{IIIM}\sin\delta] \end{array} \right. \tag{7-48}$$

　　电力系统暂态稳定计算包括两类问题，一类是应用数值计算法得出故障期间的曲线后，根据曲线找到与极限切除角对应的极限切除时间，此时只需要求解微分方程式(7-45)；另一类是已知故障切除时间，需要求出摇摆曲线来判断系统的稳定性，此时需要分段分别求

解微分方程式 (7-45) 和式 (7-46)。如果考虑阻尼转矩的影响，则此时需要分段分别求解微分方程式 (7-45) 和式 (7-48)。

【例 7-12】 某简单电力系统如图 7-12 所示，取基准值 $S_B = 220\text{MVA}$，$U_B = 209\text{kV}$。换算后的参数已经标在图中，其中一回线的电抗 $x_L = 0.486$，$T_J = 8.18\text{s}$。设电力线路某一回的始端发生两相接地短路。假定 $E' = $ 常数。①计算保持暂态稳定而要求的极限切除角；②计算极限切除时间，并且作出在 0.15s 切除故障时的 $\delta-t$ 曲线。

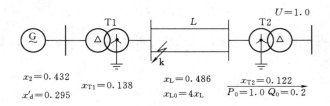

$x_2 = 0.432$　　　$x_{T1} = 0.138$　　　$x_L = 0.486$　　　$x_{T2} = 0.122$
$x'_d = 0.295$　　　　　　　　　　$x_{L0} = 4x_L$　　　$P_0 = 1.0\ Q_0 = 0.2$

图 7-12　某简单电力系统的接线图

解： (1) 计算系统正常运行方式，决定 E' 和 δ_0。由图 7-13 (a) 的正序网络可得，此时系统的总电抗为

$$x_I = 0.295 + 0.138 + 0.243 + 0.122 = 0.798$$

发电机的暂态电势为

$$E' = \sqrt{\left(1.0 + \frac{0.2 \times 0.798}{1.0}\right)^2 + \left(\frac{1.0 \times 0.798}{1.0}\right)^2} = 1.41$$

$$\delta_0 = \arctan \frac{0.798}{1.0 + 0.2 \times 0.798} = 34.53°$$

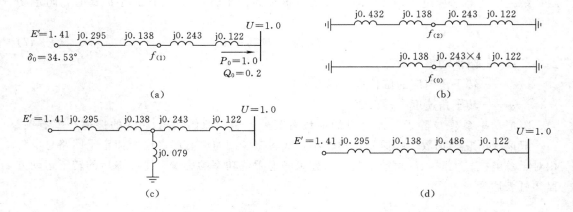

图 7-13　[例 7-12] 的等值电路
(a) 正常运行等值电路；(b) 负序和零序等值电路；
(c) 故障时等值电路；(d) 故障切除后等值电路

(2) 故障后的功率特性。又由图 7-13 (b) 的负序、零序网络可得故障点的负序、零序等值电抗为

$$x_{2\Sigma} = \frac{(0.432 + 0.138) \times (0.243 + 0.122)}{(0.432 + 0.138) + (0.243 + 0.122)} = 0.222$$

$$x_{0\Sigma} = \frac{0.138 \times (0.972 + 0.122)}{0.138 + (0.972 + 0.122)} = 0.123$$

所以在正序网络故障点上的附加电抗为

$$x_{\Delta} = \frac{0.222 \times 0.123}{0.222 + 0.123} = 0.079$$

于是故障时等值电路如图 7 - 13（c）所示，则

$$x_{\text{II}} = 0.433 + 0.365 + \frac{0.433 + 0.365}{0.079} = 2.80$$

因此，故障期间发电机的最大功率为

$$P_{\text{II M}} = \frac{E'U}{x_{\text{II}}} = \frac{1.41 \times 1.0}{2.8} = 0.504$$

（3）故障切除后的功率特性。故障切除后的等值电路如图 7 - 13（d）所示，即

$$x_{\text{III}} = 0.295 + 0.138 + 0.486 + 0.122 = 1.041$$

此时最大功率为

$$P_{\text{III M}} = \frac{E'U}{x_{\text{III}}} = \frac{1.41 \times 1.0}{1.041} = 1.35$$

$$\delta_{\text{h}} = 180° - \arcsin \frac{1.0}{1.35} = 132.2°$$

（4）计算极限切除角为

$$\cos\delta_{\text{cm}} = \frac{P_{\text{T}}(\delta_{\text{h}} - \delta_0) + P_{\text{III M}}\cos\delta_{\text{h}} - P_{\text{II M}}\cos\delta_0}{P_{\text{III M}} - P_{\text{II M}}}$$

$$= \frac{1.0 \times \frac{\pi}{180} \times (132.2 - 34.53) + 1.35\cos132.2° - 0.504\cos34.53°}{1.35 - 0.504}$$

$$= 0.458$$

$$\delta_{\text{cm}} = 62.74°$$

（5）找出极限切除时间 t_{cm}。根据式（7 - 45），首先计算初值为

$$\delta_0 = \frac{34.53}{180}\pi = 0.6027; \quad \omega_0 = 1.0$$

令 $y(1) = \delta$，$y(2) = \omega$。编写描述故障期间转子运动方程的 ODE 文件，文件名为'myequ'。

```
function dy = myequ (t, y)
dy = zeros (2, 1);
f=50; w1=2*pi*f;
dy (1) = (y (2) -1)*w1;
dy (2) = (1/8.18)*(1.0-0.504*sin (y (1)));
```

再编写利用解题器指令求解 y 的程序。

```
clear
t0=0; tm=0.25;
d0= (34.53/180)*pi; w0=1;
```

```
[T，Y] = ode45（'myequ'，[t0 tm]，[d0 w0]）;
plot（T，(Y（:，1）/pi）* 180，'－'，0.194，62.76，'*'）
text（0.194，60，'\ delta __ {cmax} =62.76 \ circ'，'FontSize'，10）
text（0.194，56，'t __ {cmax} =0.194s'，'FontSize'，10）
```

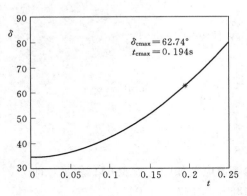

图 7-14   [例 7-12] 的 $\delta-t$ 曲线

图 7-14 给出短路发生后 0～0.25s 期间的 $\delta-t$ 计算曲线，根据最大切除角 $\delta_{cm} = 62.74°$ 找到极限切除时间 t_{cm} 为 0.194s。由图 7-14 可见，如果故障切除时间大于 0.194s，则发电机的功角将不断地增大，最终失去暂态稳定。在极限切除时间之前切除故障，发电机的摇摆曲线的状况将在下面作计算、分析。

（6）不考虑阻尼转矩的影响，当故障切除时间为 0.15s 时通过计算得出 $\delta-t$ 曲线。

首先编写描述故障期间转子运动方程的 ODE 文件，文件名为 "myfun01"。

```
function dy = myfun01（t，y）
f＝50;    w1=2* pi* f;
TJ=8.18;    Pt=1.0;    P2m=0.504;
dy = zeros（2，1）;
dy（1） = (y（2）－1)* w1;
dy（2） = (1/TJ)* (Pt－P2m* sin（y（1）));
```

再编写描述故障切除后转子运动方程的 ODE 文件，文件名为 "myfun02"。

```
function dy = myfun02（t，y）
f＝50;    w1=2* pi* f;
TJ=8.18;    Pt=1.0;    P3m=1.35;
dy = zeros（2，1）;
dy（1） = (y（2）－1)* w1;
dy（2） = (1/TJ)* (Pt－P3m* sin（y（1）));
```

编写利用解题器指令求解 y 的小程序。

```
clear
t0=0;    tc=0.15;    tm=2.0;
d0= (34.53/180)* pi;    w0=1.0;
[T1，Y1] = ode45（'myfun01'，[t0 tc]，[d0 w0]）;
dc=Y1（length（Y1），1）;
wc=Y1（length（Y1），2）;
[T2，Y2] =ode45（'myfun02'，[tc tm]，[dc wc]）;
plot（T1，(Y1（:，1）/pi）* 180，'－'，T2，(Y2（:，1）/pi）* 180，'－'，tc，(dc/pi）* 180，'*'）
text（0.28，50，'\ it {t} __ {c} =0.15s'，'FontSize'，8）
text（0.28，43，'\ it { \ delta} __ {c} =51.71 \ circ'，'FontSize'，8）
xlabel（'\ it {t}'）
ylabel（'\ it { \ delta}'）
```

计算结果表明，功角 δ 沿着故障切除后的功角特性曲线根据等面积定则作等幅振荡，如图 7-15 所示。实际上，由于阻尼转矩的影响，振荡的幅度是逐渐衰减的，功角 δ 最终运行

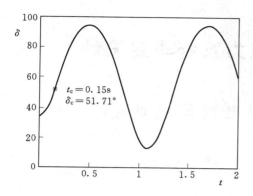

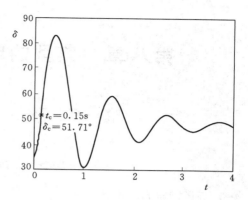

图 7-15 不考虑阻尼转矩影响，
当 0.15s 切除故障时发电机
的 δ—t 曲线

图 7-16 考虑阻尼转矩影响，
当 0.15s 切除故障时发电机
的 δ—t 曲线

在 $\delta_k = 47.8°$。因此，发电机能够保持暂态稳定。

（7）考虑阻尼转矩的影响，当故障切除时间为 0.15s 时通过计算得出 δ—t 曲线。描述故障期间转子运动方程的 ODE 文件与（6）相同，文件名也为"myfun01"。重新编写描述故障切除后转子运动方程的 ODE 文件，文件名为"myfun03"，阻尼功率系数 D 取为 15。

```
function dy = myfun03 (t, y)
f=50;    w1=2* pi* f;
TJ=8.18;    Pt=1.0;    P3m=1.35;
D=15;
dy = zeros (2, 1);
dy (1) = (y (2) -1)* w1;
dy (2) = (1/TJ)* (Pt-D* (y (2) -1) -P3m* sin (y (1)));
```

再编写利用解题器指令求解 y 的小程序。

```
clear
t0=0;    tc=0.15;    tm=4;
d0=34.53* 3.14/180;    w0=1;
[T1, Y1] =ode45 ( 'myfun01', [t0 tc], [d0 w0]);
dc=Y1 (length (Y1), 1);
wc=Y1 (length (Y1), 2);
[T2, Y2] = ode45 ( 'myfun03', [tc tm], [dc wc]);
plot (T1, (Y1 (:, 1) /pi)* 180, '—', T2, (Y2 (:, 1) /pi)* 180, '—', tc, (dc/pi)* 180, '*')
text (0.3, 50, '\ it {t} __c=0.15s', 'FontSize', 8)
text (0.28, 43, '\ it { \ delta} __ {c} =51.71\ circ', 'FontSize', 8)
xlabel ( '\ it {t}')
ylabel ( '\ it { \ delta}')
```

计算结果表明，功角 δ 沿着故障切除后的功角特性曲线作减幅振荡，如图 7-16 所示。功角 δ 最终运行在 $\delta_k = 47.8°$。因此，发电机能够保持暂态稳定。

第八章 典型的电力系统毕业设计

第一节 高压配电网的设计

第一部分 设计任务书

一、高压配电网的设计内容

（1）根据负荷资料、待设计变电所的地理位置和已有电厂的供电情况，作出功率平衡。

（2）通过技术经济综合比较，确定配电网供电电压、电网接线方式及导线截面。

（3）进行电网功率分布及电压计算，评定调压要求，选定调压方案。

（4）评定电网接线方案。

二、设计文件及图纸要求

（1）设计说明书一份。

（2）计算书。

（3）系统接线图一张。

三、原始资料

（1）高压配电网设计的有关原始资料如下：

1）发电厂、变电所地理位置，见图 8-1。

2）原有发电厂主接线图，见图 8-2 及设备数据。

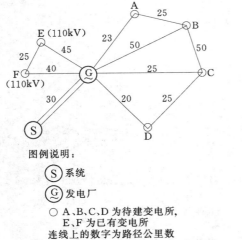

图例说明：

Ⓢ 系统
Ⓖ 发电厂
○ A、B、C、D 为待建变电所，
E、F 为已有变电所
连线上的数字为路径公里数

图 8-1 发电厂、变电所地理位置图

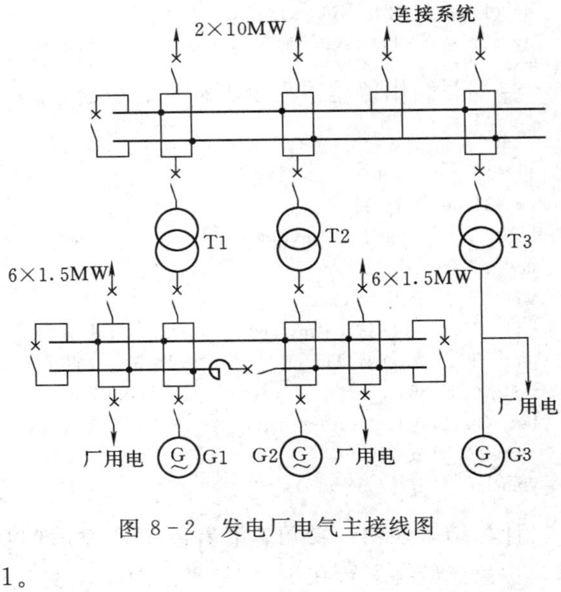

图 8-2 发电厂电气主接线图

3）待建变电所有关部资料，见表 8-1。

表 8 - 1　　　　　　　　　　　　待建变电所有关部资料

编号	最大负荷（MW）	功率因数	二次侧电压	调压要求	负荷曲线	重要负荷（%）
A	36	0.9	10	顺	a	75
B	20	0.9	10	逆	b	50
C	25	0.9	10	顺	a	65
D	22	0.9	10	顺	b	60

4）典型日负荷曲线如图 8 - 3 所示。

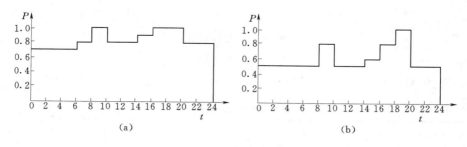

图 8 - 3　典型日负荷曲线

(a) 典型日负荷曲线 a；(b) 典型日负荷曲线 b

5）其他说明：①功率初步平衡，厂用电率为 7%，线损率为 6%；②各负荷最大同时系数取 1.0；③本高压配电网多余功率送回系统，功率缺额由系统供给；④ 除特别说明之外，高压侧均按屋外布置考虑配电装置；⑤待设计各变电所低压出线回路数。电压为 10kV 时，每回出线按 1500～2000kW 考虑；⑥已有发电厂和变电所均留有间隔，以备发展；⑦区域气温最高为 40℃，年平均温度为 25℃，最热月平均最高气温 32℃。

（2）设备数据表如下：

1）发电机的 G1、G2：QF2—25—2；G3：QFQ—50—2。

2）变压器的 T1、T2：SFZ7—31500/110；T3：SFZ7—63000/110。

第二部分　设计说明书

一、高压配电网有功平衡的计算结果

高压配电网有功平衡计算结果见表 8 - 2。

表 8 - 2　　　　　　　　　高压配电网有功平衡计算结果（MW）

计算结果	原有电网发电负荷	新建电网发电负荷	总发电负荷	发电机运行方式	发电机总出力	联络线
最大负荷	40.86	118.39	159.25	25＋25＋50	100	59.25
最小负荷	20.43	73.22	93.65	25＋25＋40	90	3.65

二、高压配电网的电压等级和接线方式

1. 技术指标比较

（1）电压等级定为 110kV。

（2）备选的接线方案如图8-4所示。

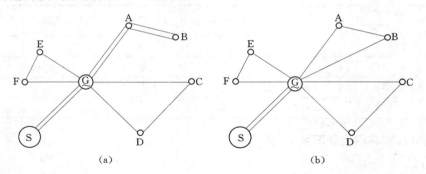

图8-4　接线方案
(a) 接线方案1；(b) 接线方案2

（3）选择导线截面如表8-3所示。

表8-3　　　　　　　　　　　　　　导线截面选择结果

方　案　1	方　案　2	方　案　1	方　案　2
GA：2×LGJ—185	GA：LGJ—240	GC：LGJ—185	GC：LGJ—185
AB：2×LGJ—70	GB：LGJ—240	GD：LGJ—120	GD：LGJ—185

（4）计算最大电压损耗如表8-4所示。

表8-4　　　　　　　　　　　　　最大电压损耗比较（%）

方　案　1				方　案　2			
正　常		故　障		正　常		故　障	
最大损耗	允许损耗	最大损耗	允许损耗	最大损耗	允许损耗	最大损耗	允许损耗
5.6	10	8.4	15	4.9	10	14.4	15

2. 经济指标比较

（1）电能损耗如表8-5所示。

表8-5　　　　　　　　　　　　一年电能损耗及其费用比较

方　案	电能损耗（×10⁴kW·h）			总费用（万元）
	C、D所接线	A、B所接线	总损耗	
方案1	298.26	431.2	729.46	255.31
方案2	262.7	332.02	594.7	208.15

（2）线路投资如表8-6所示。

（3）变电所投资如表8-7所示。

表 8-6	线路投资比较（万元）				表 8-7	变电所投资比较（万元）		
方案	C、D 所接线	A、B 所接线	总投资		方案	C、D 变电所	A、B 变电所	总投资
方案 1	1108.25	1331.44	2439.69		方案 1	2610	3124.4	5734.4
方案 2	1108.25	1981.56	3089.8		方案 2	2610	2892	5502

（4）每年的折旧、维护管理及小修费用如表 8-8 所示。

表 8-8　　　　每年的折旧、维护管理及小修费用比较（万元）

方案	C、D 变 电 所		A、B 变 电 所		总费用
	送电工程	变电工程	送电工程	变电工程	
方案 1	77.58	339.3	93.2	406.17	916.25
方案 2	77.58	339.3	138.7	375.96	931.54

注　每年费用占投资的百分比：线路取 7%；变电所取 13%。

（5）抵偿年限法或者年费用最小法进行经济比较。其中：

1）年费用最小法。方案 1 的年费用是 2048.2 万元，方案 2 的年费用是 2061.2 万元。因此，选定方案 1。

2）抵偿年限法。方案 1 的投资小而年运行费大，方案 2 的投资大而年运行费小，两者的抵偿年限为 11.9 年，大于 6～8 年，因此，选定方案 1。

第三部分　计　算　书

一、有功功率平衡

1. 在最大负荷情况下的发电负荷

新建电网

$$P_{L1} = \frac{20+36+25+22}{1-0.07-0.06} = 118.39 \text{（MW）}$$

原有电网

$$P_{L2} = \frac{12 \times 1.5 + 2 \times 10}{1-0.07} = 40.86 \text{（MW）}$$

总的发电负荷　　$P_L = P_{L1} + P_{L2} = 118.39 + 40.86 = 159.25 \text{（MW）}$

发电机发出的功率　　$P_G = 25 \times 2 + 50 = 100 \text{（MW）}$

联络线上的潮流　　$P_S = P_G - P_L = 100 - 159.25 = -59.25 \text{（MW）}$

系统向该高压配电网送电 59.25MW。

2. 在最小负荷情况下的发电负荷

新建电网　　$P_{L1} = (20 \times 0.5 + 36 \times 0.7 + 25 \times 0.7 + 22 \times 0.5) / (1 - 0.07 - 0.06)$
　　　　　　　　$= 73.22 \text{（MW）}$

原有电网　　$P_{L2} = 40.86 \times 0.5 = 20.43 \text{（MW）}$

总的发电负荷　　$P_L = 73.22 + 20.43 = 93.65 \text{（MW）}$

发电机发出的功率　　$P_G = 2 \times 25 + 40 = 90 \text{（MW）}$

联络线上的潮流　　$P_S = P_G - P_L = 90 - 93.65 = -3.65 \text{（MW）}$

系统向该高压配电网送电 3.65MW。

二、高压配电网电压等级的选择

电网电压等级决定于输电功率和输电距离，还要考虑到周围已有电网的电压等级。根据给定的任务书中的数据分析，本设计选择 110kV。

三、变电所主变容量的选择

相关的设计规范规定：选择的变压器容量 S_e 需同时满足下列两个条件：① $S_e \geq 0.7 S_{max}$；② $S_e \geq S_{imp}$。其中，S_{max} 为变电站的最大负荷容量；S_{imp} 为变电所的全部重要负荷容量。

因为 A、B、C、D 四个变电所都有重要负荷，为保证供电的可靠性，每个变电所选择配置两台主变。

A 变电所
$$S_e \geq 0.7 \times \frac{36}{0.9} = 28 \text{ (MVA)}$$

$$S_e \geq 0.75 \times \frac{36}{0.9} = 30 \text{ (MVA)}$$

选取两台 SFZ9—31500/110。

B 变电所
$$S_e \geq 0.7 \times \frac{20}{0.9} = 15.56 \text{ (MVA)}$$

$$S_e \geq 0.5 \times \frac{20}{0.9} = 11.11 \text{ (MVA)}$$

选取两台 SFZ9—16000/110。

C 变电所
$$S_e \geq 0.7 \times \frac{25}{0.9} = 19.44 \text{ (MVA)}$$

$$S_e \geq 0.65 \times \frac{25}{0.9} = 18.06 \text{ (MVA)}$$

选取两台 SFZ9—20000/110。

D 变电所
$$S_e \geq 0.7 \times \frac{22}{0.9} = 17.11 \text{ (MVA)}$$

若考虑变压器的正常过负荷能力，选取两台 SFZ9—16000/110。

四、选择导线截面

首先计算不同负荷曲线的最大负荷小时数 T_{max}。

负荷曲线 a：
$$T_{max.a} = 24 \times 365 \times \frac{0.7 \times 6 + 0.8 \times 10 + 0.9 \times 2 + 1.0 \times 6}{24} = 7300 \text{ (h)}$$

负荷曲线 b：
$$T_{max.b} = 24 \times 365 \times \frac{0.5 \times 16 + 0.8 \times 4 + 0.6 \times 2 + 1.0 \times 2}{24} = 5256 \text{ (h)}$$

（一）方案 1

（1）取功率因数为 0.9，各变电所的最大负荷如下：

A 变电所　　　　　　　　$S_A = P_A + jQ_A = 36 + j17.44 \text{ (MVA)}$

B 变电所　　　　　　　　$S_B = 20 + j9.69 \text{ (MVA)}$

C 变电所　　　　　　　　$S_C = 25 + j12.11 \text{ (MVA)}$

D 变电所 $$S_D = 22 + j10.66 \text{ (MVA)}$$

考虑变压器的损耗，得到各变电所高压侧的负荷如下：

$$\widetilde{S}_A = 36.184 + j20.44 \text{ (MVA)}$$

$$\widetilde{S}_B = 20.114 + j11.51 \text{ (MVA)}$$

$$\widetilde{S}_C = 25.138 + j14.378 \text{ (MVA)}$$

$$\widetilde{S}_D = 22.13 + j12.82 \text{ (MVA)}$$

（2）每段导线流过的最大电流。在正常情况下，A 变电所 110kV 侧分段断路器闭合和 10kV 侧分段断路器断开；B 变电所 110kV 侧的桥断路器闭合和 10kV 侧分段断路器断开；C、D 变电所环网由功率分点 C 变电所解开。

根据每段导线的 T_{max} 查表 8-9，且应用直线插值法得到的经济电流密度如下：

GA：GA 段的 T_{max} 取变电所 A 和 B 负荷的 T_{max} 加权平均数。

$$T_{max} = \frac{5256 \times 20.114 + 7300 \times 36.184}{20.114 + 36.184} = 6570 \text{ (h)}, \quad J = 0.8192 \text{A/mm}^2$$

AB： $\quad T_{max} = T_{max.b} = 5256\text{h}, \quad J = 1.064 \text{A/mm}^2$

GC： $\quad T_{max} = T_{max.a} = 7300\text{h}, \quad J = 0.816 \text{A/mm}^2$

GD： $\quad T_{max} = T_{max.b} = 6343\text{h}, \quad J = 0.919 \text{A/mm}^2$

表 8-9   **经 济 电 流 密 度 J （A/mm²）**

线路电压（kV）	导线型号	最 大 负 荷 利 用 小 时 数 T_{max} （h）						
		2000	3000	4000	5000	6000	7000	8000
10	LJ	1.48	1.19	1.00	0.86	0.75	0.67	0.60
	LGJ	1.72	1.40	1.17	1.00	0.87	0.78	0.70
35~220	LGJ、LGJQ	1.87	1.53	1.28	1.10	0.96	0.84	0.76

每段导线流过的最大电流、经济截面和选择的导线型号如下：

GA：双回线中的一回线 $I = \dfrac{0.5 \times (20.114 + 36.184)}{\sqrt{3} \times 110 \times 0.9} \times 1000 \approx 164 \text{ (A)}$, $S = \dfrac{164}{0.892} \approx 183.86 \text{ (mm}^2)$。选取的导线型号为 LGJ—185。

AB：双回线中的一回线 $I = \dfrac{0.5 \times 20.114}{\sqrt{3} \times 110 \times 0.9} \times 1000 \approx 58 \text{ (A)}$, $S = \dfrac{58}{1.064} \approx 55 \text{ (mm}^2)$。选取的导线型号为 LGJ—70。

GC： $I = \dfrac{25.138}{\sqrt{3} \times 110 \times 0.9} \times 1000 \approx 146.6 \text{ (A)}$, $S = \dfrac{146.6}{0.816} \approx 179.7 \text{ (mm}^2)$。选取的导线型号为 LGJ—185。

GD： $I = \dfrac{22.13}{\sqrt{3} \times 110 \times 0.9} \times 1000 \approx 129 \text{ (A)}$, $S = \dfrac{129}{0.919} \approx 140 \text{ (mm}^2)$。选取的导线型号为 LGJ—120。

CD：与 GD 段相同，选取的导线型号为 LGJ—120。

（3）校验。分以下几种情况进行校检：

表 8-10 满足机械强度要求的导线最小截面（mm²）

导线类型	通过居民区	通过非居民区
铝绞线和铝合金线	35	25
钢芯铝线	25	16
铜 线	16	16

1）按机械强度校验导线截面积。为保证架空线路具有必要的机械强度，相关规程规定，1～10kV 不得采用单股线，其最小截面如表 8-10 所示。对于更高电压等级线路，规程未作规定，一般则认为不得小于 35mm²。因此，所选的全部导线满足机械强度的要求。

2）按电晕校验导线截面积。表 8-11 列出可不必验算电晕临界电压的导线最小直径和相应的导线型号。

表 8-11 不必验算电晕临界电压的导线最小直径和相应型号

额定电压（kV）	110	220	330		500（四分裂）	750（四分裂）
			单导线	双分裂		
导线外径（mm）	9.6	21.4	33.1			
相应型号	LGJ—50	LGJ—240	LGJ—600	2×LGJ—240	4×LGJQ—300	4×LGJQ—400

校验时应注意：①对于 330kV 及以上电压的超高压线路，表中所列供参考；②分裂导线次导线间距为 400mm。因此，所选的全部导线满足电晕的要求。

3）按允许载流量校验导线截面积。允许载流量是根据热平衡条件确定的导线长期允许通过电流。因此，所有线路都必须根据可能出现的长期运行情况作允许载流量校验。相关规程规定，进行这种校验时，钢芯铝绞线的允许温度一般取 70℃。按此规定并取导线周围环境温度为 25℃时，各种导线的长期允许通过电流如表 8-12 所示。

表 8-12 导线长期允许通过电流（A）

截面积（mm²）\ 型号	35	50	70	95	120	150	185	240	300	400
LJ	170	215	265	325	375	440	500	610	680	830
LGJ	170	220	275	335	380	445	515	610	700	800

如果当地的最高月平均温度不同于 25℃，则还应该按表 8-13 所列修正系数对表 8-12 中的数据进行修正。

表 8-13 不同周围环境温度下的修正系数

环境温度（℃）	—5	0	5	10	15	20	25	30	35	40	45	50
修正系数	1.29	1.24	1.20	1.15	1.11	1.05	1.00	0.94	0.88	0.81	0.74	0.67

按经济电流密度选择的导线截面积一般都比按正常运行情况下的允许载流量计算的截

面积大，所以不必作校验。只有在故障情况下，例如环式网络近电源端线段断开或双回线中一回断开时，才可能使导线过热。

本高压配电网所在地区的最高气温月的最高平均温度为 $32℃$，应用插值法得到温度修正系数取 0.916。

GA：双回线断开一回，流过另一回的最大电流为 $2×164＝328$（A），小于 $0.916×515A$，LGJ—185 满足要求。

AB：双回线断开一回，流过另一回的最大电流为 $2×58.6＝117.2$（A），小于 $0.916×275A$，LGJ—70 满足要求。

GC：GD 断开，由 C 变电所通过 CD 给 D 变电所供电，流过 GC 的最大电流为 $146.6＋129＝275.9$（A），小于 $0.916×515A$，LGJ—185 导线满足要求。

GD：GC 断开，由 D 变电所通过 CD 给 C 变电所供电，流过 GD 的最大电流为 $146.6＋129＝275.9$（A），小于 $0.916×380A$，LGJ—120 导线满足要求。

分别计算 A、B、C、D 变电所的运算负荷，再计算发电厂 G 的运算功率。应用第七章的潮流计算程序得到的结果见表 8－14～表 8－17。

表 8－14　　　　　　　　方案 1 正常情况下的节点电压

运行情况	节 点 电 压 (kV)						最大电压损耗（%）	
	A	B	C	D	G	S	S—B	S—B
最大负荷	110.9	109.3	111	111.2	113.2	115.5	5.6	—
最小负荷	107.9	107	108	108.2	109.3	110	—	2.7

表 8－15　　　　　　　　方案 1 故障情况下的节点电压

运行情况	节 点 电 压 (kV)						最大电压损耗（%）	
	A	B	C	D	G	S	S—B	S—C
断开 GA 一回线	108.3	106.7	110.8	111	113	115.5	8	—
断开 GC，连 CD	110.7	109	106.3	108.96	113	115.5	—	8.4

表 8－16　　　　　　　　方案 2 正常情况下的节点电压

运行情况	节 点 电 压 (kV)						最大电压损耗（%）	
	A	B	C	D	G	S	S—B	S—A
最大负荷	110.2	110.1	110.9	111.1	113.1	115.5	4.9	—
最小负荷	108.1	108.2	108.5	108.7	109.8	110	—	1.7

表 8－17　　　　　　　　方案 2 故障情况下的节点电压

运行情况	节 点 电 压 (kV)						最大电压损耗（%）	
	A	B	C	D	G	S	S—A	S—C
GA 断开，AB 连接	99.7	102.9	110.6	110.8	112.8	115.5	14.4	—
GC 断开，CD 连接	110.1	109.97	106.3	108.96	113	115.5	—	8.4

（二）方案 2

方案 2 的 C、D 变电所接线与方案 1 完全相同。下面只需列出与方案 1 不同的 A、B 变电所接线部分。

1. 计算变电所的最大负荷

$$\tilde{S}_A = 36.184 + j20.44 \quad (\text{MVA})$$

$$\tilde{S}_B = 20.114 + j11.51 \quad (\text{MVA})$$

2. 每段导线流过的最大电流

设在正常情况下，A、B 变电所与系统构成的环网为闭环运行。根据每段导线的 $T_{\max}$ 查表，得经济电流密度如下：

GB：　　　　　$T_{\max} = T_{\max.a} = 5256 \quad (\text{h}), \quad J = 1.064 \quad (\text{A/mm}^2)$

GA：　　　　　$T_{\max} = 6570 \quad (\text{h}), \quad J = 0.892 \quad (\text{A/mm}^2)$

每段导线流过的最大电流、经济截面和选择的导线型号如下：

GA：　　　　　$I = \dfrac{36.184}{\sqrt{3} \times 110 \times 0.9} \times 1000 \approx 211 \quad (\text{A})$

$$S = \frac{211}{0.892} \approx 236.5 \quad (\text{mm}^2)$$

选取的导线型号为 LGJ—240。

GB：　　　　　$I = \dfrac{20.114}{\sqrt{3} \times 110 \times 0.9} \times 1000 \approx 117.3 \quad (\text{A})$

$$S = \frac{117.3}{1.064} \approx 110 \quad (\text{mm}^2)$$

选取的导线型号为 LGJ—240。

AB：与 GB 段相同，选取的导线型号为 LGJ—240。

3. 计算正常运行和故障情况下的电压损耗 $\Delta U_{\max}$

应用第七章的潮流计算程序，得到的结果见表 8 - 16 和表 8 - 17。

4. 通过技术经济比较确定最佳方案

（1）通过最大负荷损耗时间法计算电能损耗：最大负荷损耗时间 $\tau_{\max}$ 与最大负荷利用小时数 $T_{\max}$ 的关系见表 2 - 9。

（2）计算年费用和抵偿年限。其中：

1）线路的电能损耗：

方案 1：

GA：$\Delta P = 0.66\text{MW}$，$\tau_{\max} = 5184\text{h}$，$\Delta A = 660 \times 5184 = 342.1 \times 10^4 \quad (\text{kW} \cdot \text{h})$

AB：$\Delta P = 0.242\text{MW}$，$\tau_{\max} = 3682\text{h}$，$\Delta A = 242 \times 3682 = 89.1 \times 10^4 \quad (\text{kW} \cdot \text{h})$

GC：$\Delta P = 0.25\text{MW}$，$\tau_{\max} = 6250\text{h}$，$\Delta A = 250 \times 6250 = 156.3 \times 10^4 \quad (\text{kW} \cdot \text{h})$

GD：$\Delta P = 0.289\text{MW}$，$\tau_{\max} = 4912\text{h}$，$\Delta A = 289 \times 4912 = 141.96 \times 10^4 \quad (\text{kW} \cdot \text{h})$

$$\Delta A_1 = (342.1 + 89.1 + 156.3 + 141.96) \times 10^4 = 729.46 \times 10^4 \quad (\text{kW} \cdot \text{h})$$

方案 2：

GA：$\Delta P = 0.47\text{MW}$，$\tau_{\max} = 5184\text{h}$，$\Delta A = 470 \times 5184 = 243.65 \times 10^4$（kW·h）

GB：$\Delta P = 0.24\text{MW}$，$\tau_{\max} = 3682\text{h}$，$\Delta A = 240 \times 3682 = 88.37 \times 10^4$（kW·h）

GC：$\Delta P = 0.25\text{MW}$，$\tau_{\max} = 6250\text{h}$，$\Delta A = 250 \times 6250 = 156.3 \times 10^4$（kW·h）

GD：$\Delta P = 0.289\text{MW}$，$\tau_{\max} = 3682\text{h}$，$\Delta A = 289 \times 3682 = 106.4 \times 10^4$（kW·h）

$\Delta A_2 = (243.65 + 88.37 + 156.3 + 106.4) \times 10^4 = 594.7 \times 10^4$（kW·h）

方案1与方案2线损之差：$(729.46 - 594.7) \times 10^4 = 134.76 \times 10^4$（kW·h）。

2）线路投资：

方案1：A、B变电所的接线，LGJ—185双回线路23km，LGJ—70双回线路25km。

$17.78 \times 23 \times 1.8 + 13.23 \times 25 \times 1.8 = 1331.44$（万元）

C、D变电所的接线，LGJ—185线路25km，LGJ—120线路45km。

$17.78 \times 25 + 14.75 \times 45 = 1108.25$（万元）

线路投资 $= 1331.44 + 1108.25 = 2439.69$（万元）

方案2：A、B变电所的接线，LGJ—240线路98km。

$20.22 \times 98 = 1981.56$（万元）

C、D变电所的接线，LGJ—185线路25km，LGJ—120线路45km。

$17.78 \times 25 + 14.75 \times 45 = 1108.25$（万元）

线路投资 $= 1981.56 + 1108.25 = 3089.8$（万元）

方案1与方案2投资之差：$3089.8 - 2439.69 = 650.1$（万元）。

3）变电所投资：

方案1：A变电所高压侧采用单母分段，B变电所高压侧采用内桥接线，C、D变电所高压侧采用内桥接线。根据各变电所所选的变压器容量及台数查附表可得各变电所的综合投资。A、B、C、D变电所投资之和为 $(1686 + 58.1 \times 4) + 1206 + 1404 + 1206 = 5734.4$（万元）。其中A变电所比典型接线多出的4个间隔的费用为 $58.1 \times 4 = 232.4$（万元）。

方案2：A、B、C、D变电所均采用内桥接线。则总投资为 $1686 + 1206 + 1404 + 1206 = 5502$（万元）。

4）工程总投资：

方案1的工程总投资为 $Z_1 = 2439.69 + 5734.4 = 8174.09$（万元）。

方案2的工程总投资为 $Z_2 = 3089.8 + 5502 = 8591.8$（万元）。

方案1与方案2的总投资之差为 $Z_2 - Z_1 = 8591.8 - 8174.09 = 417.7$（万元）。

5）年运行费：维持电力网正常运行每年所支出的费用，称为电力网的年运行费。年运行费包括电能损耗费、折旧费、小修费、维护管理费。电力网的年运行费可以计算为

$$u = \alpha \Delta A + \frac{P_z}{100}Z + \frac{P_x}{100}Z + \frac{P_w}{100}Z$$

$$= \alpha A + \left(\frac{P_z}{100} + \frac{P_x}{100} + \frac{P_w}{100}\right)Z$$

式中　α——计算电价，元/（kW·h）；

ΔA——每年电能损耗，kW·h；

Z——电力网工程投资，元；

P_z——折旧费百分数；

P_x——小修费百分数；

P_w——维护管理费百分数。

电力网的折旧、小修费和维护管理费占总投资的百分数由主管部门制定，表 8-18 可以作为参考。

表 8-18　　　电力网的折旧、小修费和维护管理费占总投资的百分数（%）

设 备 名 称	折旧费	小修费	维护管理费	总计
木杆架空线	8	1	4	13
铁塔架空线	4.5	0.5	2	7
钢筋混凝土杆架空线	4.5	0.5	2	7
电缆线路	3.5	0.5	2	6
15MVA 以下变电所	6	1	7	14
15～40MVA 的变电所	6	1	6	13
40～80MVA 的变电所	6	1	5	12
80～150MVA 变电所	6	1	4.5	11.5

本设计采用钢筋混凝土杆架空线，变电所容量在 15～40MVA 之间。

方案 1 与方案 2 的年运行费之差为

$$u_1 - u_2 = 0.35 \times 134.76 - 650.1 \times 7\% + 232.4 \times 13\%$$
$$= 35 \text{（万元）}$$

6）计算年费用或者抵偿年限。可采用方法一或方法二。

方法一：年费用最小法。年费用的计算公式为

$$AC = Z\left[\frac{r_0(1+r_0)^n}{(1+r_0)^n - 1}\right] + u$$

式中　　AC——年费用，平均分布在 $m+1$ 到 $m+n$ 期间的 n 年内；

　　　　Z——工程总投资；

　　　　r_0——年利率，取 $r_0 = 6.6\%$；

　　　　u——年运行费。

方案 1：　$AC_1 = 8174.09 \times \dfrac{0.066 \times (1+0.066)^{15}}{(1+0.066)^{15} - 1} + 0.35 \times 729.46 + 2439.69$

　　　　　　$\times 7\% + 5734.4 \times 13\%$

　　　　$= 2048.2 \text{（万元）}$

方案 2：$AC_2 = 8591.8 \times \dfrac{0.066 \times (1+0.066)^{15}}{(1+0.066)^{15} - 1} + 0.35 \times 594.7$

　　　　　　$+ 3089.8 \times 7\% + 5502 \times 13\%$

　　　　$= 2061.2 \text{（万元）}$

方案 1 与方案 2 的年费用相差不大，所以再用抵偿年限法进行判断。

方法二：抵偿年限法。在电力网设计方案选择时，如果两个方案的其中一个工程投资大而年运行费用小，另一个方案工程投资小而年运行费用大时，那么用抵偿年限来判断。

抵偿年限的含义是：若方案 1 的工程投资大于方案 2，而方案 1 的年运行费小于方案2，则由于方案 1 的年运行费的减少，在多少年内能够抵偿所增加的投资，用公式表示为

$$T = \frac{Z_1 - Z_2}{u_2 - u_1}$$

式中　Z_1、Z_2——方案 1、方案 2 的工程投资；

　　　u_2、u_1——方案 2、方案 1 的年运行费。

一般标准抵偿年限为 6～8 年。负荷密度大的地区取较小值；负荷密度小的地区取较大值。按照抵偿年限法进行设计方案比较时，当 T 小于标准抵偿年限时，选取投资大年费用小的方案；当 T 大于抵偿年限时，选取投资小年运行费大的方案。

本设计方案的抵偿年限为

$$T = \frac{Z_2 - Z_1}{u_1 - u_2} = \frac{417.7}{35} = 11.9 \text{（年）}$$

因此，选取投资小，年运行费用大的方案 1。

五、选定方案的潮流计算

选定方案的潮流计算结果见表 8-19～表 8-23。

表 8-19　　　　　各节点分别采用的计算负荷（$S_B = 100\text{MVA}$）

运行状况	A 变电所		B 变电所		C 变电所		D 变电所		发电厂节点 G	
	P_1	Q_1	P_2	Q_2	P_3	Q_3	P_4	Q_4	P_5	Q_5
最大负荷	0.36184	0.188	0.20114	0.10725	0.25138	0.13472	0.2213	0.12042	−0.745	−0.394
最小负荷	0.253	0.122	0.10058	0.046	0.1757	0.0883	0.11062	0.0518	−0.649	−0.326

表 8-20　　　　　在最大负荷运行方式下节点电压（kV）

平衡节点 S	发电厂节点 G	A 变电所	B 变电所	C 变电所	D 变电所
115.5	113.2	110.9	109.3	111	111.2

表 8-21　　　　　在最大负荷运行方式下线路功率（MVA）

节点	1	2	3	4	5	6
1		20.35+j10.96			−56.53−j29.76	
2	−20.114−j10.73					
3			−2.57−j1.18		−22.6−j14.0	
4		2.57+j1.19			−24.7−j13.21	
5	57.2+j31.35		22.85+j14.6	25+j13.75		−50.55−j30
6				51+j31.69		

表 8 - 22 在最小负荷运行方式下节点电压（kV）

平衡节点 S	发电厂节点 G	A 变电所	B 变电所	C 变电所	D 变电所
110	109.3	107.9	107.0	108.0	108.2

表 8 - 23 在最小负荷运行方式下线路功率（MVA）

节点	1	2	3	4	5	6
1		10.06＋j4.86			−35.26−j17.06	
2	−10−j4.8			−2.9−j0.9	−14.5−j7.7	
3			2.90＋j0.91		−19.9−j6.21	
4	35.5＋j17.66		14.59＋j1.93	14.0＋j6.37		
5						−9.1＋j11.4
6				9.13＋j11.5		

六、调压计算

根据调压要求，选定的分接头和变压器低压侧的电压见表 8-24。

表 8 - 24 根据调压要求选定的分接头和变电所低压侧的电压

运行状况	A 变电所（顺调压）		B 变电所（逆调压）		C 变电所（顺调压）		D 变电所（顺调压）	
	分接头	电压 (kV)	分接头	电压 (kV)	分接头	电压 (kV)	分接头	电压 (kV)
最大负荷	−3×1.25%	10.6	−4×1.25%	10.54	−3×1.25%	10.58	−3×1.25%	10.54
最小负荷	−3×1.25%	10.43	0×1.28%	10.01	−3×1.25%	10.41	−3×1.25%	10.5

七、联络线上的潮流分布

应用第七章潮流计算程序计算在最大负荷的多种运行方式下的潮流分布，结果见表 8-25。

表 8 - 25 通过联络线的潮流和变电所节点电压

运行方式		联络线		节点电压（kV）			
		电流（A）	功率因数	A	B	C	D
联络线断开一回		315.54	0.82	108.43	106.82	108.54	108.72
5 万 kW；机组检修；双回联络线	两台 2.5 万 kW 机组按最大出力，额定功率因数发电	289.69（单回线）	0.85	109.12	107.52	109.23	109.4
	两台 2.5 万 kW 机组按最大出力，功率因数为 0.77 发电	276.66（单回线）	0.89	109.3	107.7	109.42	109.59

第二节　变电所电气初步设计

第一部分　设计任务书

一、设计题目

设计题目为 220kV 降压变电所电气一次部分初步设计。

二、待建变电所基本资料

（1）设计变电所在城市近郊，向开发区的炼钢厂供电，在变电所附近还有地区负荷。

表 8 - 26　　110kV 用户负荷统计资料

用户名称	最大负荷（kW）	cosφ	回路数	重要负荷百分数（%）
炼钢厂	42000	0.95	2	65

（2）确定本变电所的电压等级为 220/110/10kV，220kV 是本变电所的电源电压，110kV 和 10kV 是二次电压。

（3）待设计变电所的电源，由双回 220kV 线路送到本变电所；在中压侧 110kV 母线，送出 2 回路；在低压侧 10kV 母线，送出 12 回线路；在本所 220kV 母线有三回输出线路。该变电所的所址，地势平坦，交通方便。

三、110kV 和 10kV 用户负荷统计资料

110kV 和 10kV 用户负荷统计资料见表 8 - 26 和表 8 - 27。

最大负荷利用小时数 $T_{max} = 5500h$，同时率取 0.9，线路损耗取 5%。

表 8 - 27　　10kV 用户负荷统计资料

序号	用户名称	最大负荷（kW）	cosφ	回路数	重要负荷百分数（%）
1	矿机厂	1800		2	
2	机械厂	900		2	
3	汽车厂	2100	0.95	2	62
4	电机厂	2400		2	
5	炼油厂	2000		2	
6	饲料厂	600		2	

四、待设计变电所与电力系统的连接情况

待设计变电所与电力系统的连接情况如图 8 - 5 所示。

五、设计任务

（1）选择本变电所主变的台数、容量和类型。

（2）设计本变电所的电气主接线，选出数个电气主接线方案进行技术经济比较，确定一个较佳方案。

（3）进行必要的短路电流计算。

（4）选择和校验所需的电气设备。

（5）设计和校验母线系统。

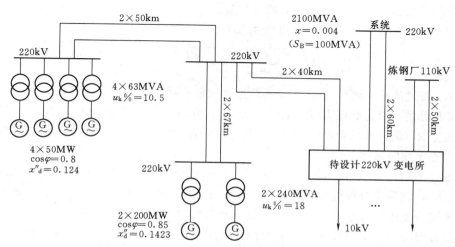

图 8 - 5　待设计变电所与电力系统的连接电路图

（6）进行继电保护的规划设计。

（7）进行防雷保护规划设计。

（8）220kV 高压配电装置设计。

六、图纸要求

（1）绘制变电所电气主接线图。

（2）绘制 220kV 或 110kV 高压配电装置平面布置图。

（3）绘制 220kV 或 110kV 高压配电装置断面图（进线或出线）。

（4）绘制继电保护装置规划图。

第二部分 设 计 说 明 书

一、对待设计变电所在电力系统中的地位、作用及电力用户的分析

待建变电所在城市近郊，向开发区的炼钢厂供电，在变电所附近还有地区负荷。220kV 有 7 回线路；110kV 送出 2 回线路；在低压侧 10kV 有 12 回线路。可知，该所为枢纽变电所。另外变电所的所址，地势平坦，交通方便。

二、主变压器的选择

根据《电力工程电气设计手册》的要求，并结合本变电所的具体情况和可靠性的要求，选用两台同样型号的无励磁调压三绕组自耦变压器。

（1）主变容量的选择。变压器的最大负荷为 $P_M = K_0 \sum P$。对具有两台主变的变电所，其中一台主变的容量应大于等于 70% 的全部负荷或全部重要负荷。两者中，取最大值作为确定主变的容量依据。考虑到变压器每天的负荷不是均衡的，计及欠负荷期间节省的使用寿命，可用于在过负荷期间中消耗，故可先选较小容量的主变作过负荷能力计算，以节省主变投资。最小的主变容量为

$$S_e = 0.7 \frac{P_M}{\cos\varphi}$$

（2）过负载能力校验。经计算，一台主变应接带的负荷为 34350kVA，先选用两台 31500kVA 的变压器进行正常过负荷能力校验。

先求出变压器低载运行时的欠负荷系数为

$$K_1 = \sqrt{\frac{I_1^2 t_1 + I_2^2 t_2 + \cdots + I_n^2 t_n}{(t_1 + t_2 + \cdots + t_n)}} \frac{1}{K} = 0.90$$

由 K_1 及过负荷小时数 T 查"变压器正常过负荷曲线"得过负荷倍数 $K_2 = 1.08$。

得变压器的正常过载能力 $S_2 = K_2 S_e = 1.08 \times 31500 = 34020$（kVA）< 34350（kVA），故需加大主变的容量，考虑到今后的发展，故选用两台 OSFP7－40000/220 三绕组变压器。

三、主接线的确定

按 SDJ 2—88《220～500kV 变电所设计技术规程》规定，"220kV 配电装置出线在 4 回及以上时，宜采用双母线及其他接线"，故设计中考虑了两个方案，方案 1 采用双母线接线，该接线变压器接在不同母线上，负荷分配均匀，调度灵活方便，运行可靠性高，任一条母线或母线上的设备检修，不需要停掉线路，但出线间隔内任一设备检修，此线路需停电。方案 2 采用单母线带旁路母线，该接线简单清晰，投资略小，出线及主变间隔断路

器检修，不需停电，但母线检修或故障时，220kV 配电装置全停。

本工程 220kV 断路器采用 SF$_6$ 断路器。其检修周期长，可靠性高，故可不设旁路母线。由于有两回线路，一回线路停运时，仍满足 $N-1$ 原则，本设计采用双母线接线。

对 110kV 侧的接线方式，出线仅为两回，按照规程要求，宜采用桥式接线。以双回线路向炼钢厂供电。考虑到主变不会经常投切，和对线路操作和检修的方便性，采用内桥式接线。

对 10kV 侧的接线方式，按照规程要求，采用单母线分段接线，对重要回路，均以双回线路供电，保证供电的可靠性。考虑到减小配电装置的占地和占用空间，消除火灾、爆炸的隐患及环境保护的要求，主接线不采用带旁路的接线，且断路器选用性能比少油断路器更好的真空断路器。

本设计的变电所主电气接线图如图 8-6 所示。

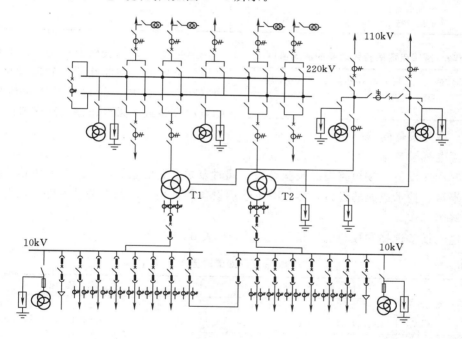

图 8-6 变电所的电气主接线

四、短路电流水平

根据本变电所电源侧 5～10 年的发展规划，计算出系统最大运行方式下的短路电流，为母线系统的设计和电气设备的选择做好准备，若短路电流过大，就要考虑采取限流措施。对于继电保护的灵敏度校验时所需的系统最小运行方式下的短路电流，这里不作计算，其结果见表 8-28 和表 8-29。

其中高压断路器的全分闸时间计为 0.1s。在这里短路的持续时间以最长的过电流保护的动作时间来计算的，显然，如果用主保护的动作时间或主保护存在动作死区时用后备保护的动作时间一定能满足要求。

表 8-28 系统最大运行方式下的短路电流（kA）

短路地点	运行方式	I''	$I_{0.5}$	I_1	$I_{1.5}$	I_2	$I_{2.5}$	I_3	$I_{3.5}$
220 kV 侧	两条线路同时运行	15.20	15.18	15.16	15.15	15.15	15.15	15.15	15.15
	一条线路运行	8.78	8.78	8.78	8.78	8.78	8.78	8.78	8.78
110kV 侧	两台主变同时运行	6.13	6.13	6.13	6.13	6.13	6.13	6.13	6.13
	一台主变退出运行	4.15	4.15	4.15	4.15	4.15	4.15	4.15	4.15
10kV 侧	两台主变同时运行	12.19	12.19	12.19	12.19	12.19	12.19	12.19	12.19
	一台主变退出运行	6.21	6.21	6.21	6.21	6.21	6.21	6.21	6.21

表 8-29 短路电流的持续时间的最大值(s)

220 kV 侧	110kV 侧	10kV 侧
3.6	3.1	2.1

从以上计算的表格上可见，各电压级的最大短路电流均在断路器一般选型的开断能力（20kA）之内，所以不必采用价格昂贵的重型设备或者采取限制短路电流的措施。

五、电气设备的选择

根据电气设备选择的一般原则，按正常运行情况选择设备，按短路情况校验设备。同时兼顾今后的发展，选用性能价格比高，运行经验丰富、技术成熟的设备，尽量减少选用设备的类型，以减少备品备件，也有利于运行、检修等工作。

各电气设备选择和校验的结果见表 8-30～表 8-36。

表 8-30 220kV 高压断路器的选择结果

设备选型	计 算 数 据					技 术 数 据				
	U_N (kV)	I_{gmax} (A)	I'' (kA)	i_{sh} (kA)	Q_k [（kA)^2·s]	U_N (kV)	I_N (A)	I_{nbr} (kA)	i_{es} (kA)	$I_t^2 t$ [（kA)^2·s]
LW6—220	220	1100	15.2	38.76	831	220	3150	50	125	7500
备 注										

表 8-31 220kV 隔离开关的选择结果

设备选型	计 算 数 据				技 术 数 据			
	U_N (kV)	I_{gmax} (A)	i_{sh} (kA)	Q_k [（kA)^2·s]	U_N (kV)	I_N (A)	i_{es} (kA)	$I_t^2 t$ [（kA)^2·s]
GW4—220	220	1100	38.76	831	220	1600	125	7500
备 注								

表 8 - 32　　　　　　　　　**110kV 高压断路器的选择结果**

设备选型	计 算 数 据					技 术 数 据				
	U_N (kV)	I_{gmax} (A)	I'' (kA)	i_{sh} (kA)	Q_k [(kA)$^2\cdot$s]	U_N (kV)	I_N (A)	I_{nbr} (kA)	i_{es} (kA)	I_t^2t [(kA)$^2\cdot$s]
LW6—110	110	2200	6.13	15.6	116	110	1600	31.5	55	2977
备　注										

表 8 - 33　　　　　　　　　**110kV 隔离开关的选择结果**

设备选型	计 算 数 据				技 术 数 据			
	U_N (kV)	I_{gmax} (A)	i_{sh} (kA)	Q_k [(kA)$^2\cdot$s]	U_N (kV)	I_N (A)	i_{es} (kA)	I_t^2t [(kA)$^2\cdot$s]
GW4—110D	110	615.8	15.6	116	110	1000	50	980
备　注								

表 8 - 34　　　　　　　　　**母线桥和汇流母线的选择结果**

设备名称	选 择 结 果				计算结果（参考值）		
	S（mm^2）	放置方式	I_y（A）(32℃)	σ（×10^{6}Pa）	I_{gmax} (A)	S_{min} (mm^2)	σ（×10^{6}Pa）
母线桥	2（63×10）矩形铝排	平放	1458	70	780	80	31
汇流母线	80×10 矩形铝排	平放	990	70	825	84	6.3
备　注	母线平放，相间距离 250mm，跨距 1200mm						

表 8 - 35　　　　　　　　　**支柱绝缘子、穿墙套管的选择结果**

设备名称	安装地点	类　型	型　号	0.6F_{PH}（N）	F_j（N）
支柱绝缘子	母线桥	户　外	ZA—10Y	2205	170
		户　内	ZS—10	3000	700
穿墙套管	汇流母线	户　外	CLB—10	2500	560
备　注					

六、所用电的接线方式与所用变的选择

（1）所用电的引接。为了保证所用电供电的可靠性，所用电分别从 10kV 的两个分段上引接。为了节省投资，所用变压器采用隔离开关加高压熔断器与母线相连。

（2）所用变的容量。所用变的容量选择，可通过对变电所自用电的负荷，结合各类负荷的需求系数，求得最大需求容量来选取容量。在这里假定选用两台 S9—50/10 可满足要求，其型号选择的计算结果见表 8 - 37。

表 8-36　　　　　　　　　　　互感器选择情况列表

设备名称	安 装 地 点		型 号
电压互感器	220kV 母线		TYD—220/√3—0.005
	桥断路器两侧连接点		JDCF—110WB，0.2/3P 级
	10kV 母线		JSJW—10，0.5 级
电流互感器	110kV 线路	线路保护	LCWB6—110B/300，0.2/P/P 级
		主变保护	LCWD—110/300，0.5/D1/D2 级
	110kV 桥断路器		LCWD—110/300，0.5/D1/D2 级
	220kV 线路		LB1—220W2
	主变 10kV 侧	差 动	LMZ1—10/1600，0.5/D 级
		过 流	LMC—10/1600，0.5/D 级
	10kV 出线		LA—10/200，0.5/3 级
	10kV 母联		LMC—10/600，0.5/3 级

七、配电装置的选型

双母线接线的 220kV 配电装置采用屋外高型布置。

内桥式接线的 110kV 配电装置采用屋外中型布置。

10kV 的单母线分段接线采用屋内成套开关柜 JYN—10 型手车式开关柜单层布置。

配电装置的配置图、平面图和断面图（略）。

表 8-37　10kV 所用变、压变高压侧熔断器选择情况列表

安装地点	型 号	选择结果 I_{Nbr} （kA）	计算结果 I'' （kA）
所用变高压侧	RN1—10/10	20	12.2
压变高压侧	RN2—10/0.5	100	12.2
备 注			

八、互感器的配置

按照监视、测量、继电保护和自动装置的要求，配置互感器。

（1）电压互感器的配置。电压互感器的配置应能保证在主接线的运行方式改变时，保护装置不得失压，同期点的两侧都能提取到电压。

每组母线的三相上装设电压互感器。

出线侧的一相上应装设电容式电压互感器。利用其绝缘套管末屏抽取电压，则可省去单相电压互感器。

（2）电流互感器的配置。所有断路器的回路均装设电流互感器，以满足测量仪表、保护和自动装置要求。变压器的中性点上装设一台，以检测零序电流。电流互感器一般按三相配置。对 10kV 系统，母线分段回路和出线回路按两相式配置，以节省投资同时提高供电的可靠性。

九、继电保护配置

（1）主变的保护。按照 BG 14285—93《继电保护和安全自动装置技术规程》的要求，并考虑到采用微机保护的具体情况，采用双主双后的配置方式：差动保护、复合电压闭锁的过电流保护、过负荷保护、零序过电流保护及瓦斯、油温、油位、绕组温度、压力释放等非电量保护。

（2）220kV 的保护。装设高频保护作为主保护，电流保护作为后备。

（3）110kV 的保护。设置距离保护，以电流保护作为后备。

（4）10kV 的保护。设置两段式电流保护。

十、防雷规划

本工程采用 220kV、110kV 配电装置构架上设避雷针；10kV 配电装置设独立避雷针进行直接雷保护。

为了防止反击，主变构架上不设置避雷针。

采用避雷器来防止雷电侵入波对电气设备绝缘造成危害。避雷器的选择，考虑到氧化锌避雷器的非线性伏安特性优越于碳化硅避雷器（磁吹避雷器），且没有串联间隙，保护特性好，没有工频续流、灭弧等问题，所以本工程 220kV 和 110kV 系统中，采用氧化锌避雷器。

由于金属氧化物避雷器没有串联间隙，正常工频相电压要长期施加在金属氧化物电

表 8-38　　　避雷器选择情况列表

设备名称	安装地点	型　　号
避雷器	220kV 母线	Y10W5—220
	110kV 进线侧	Y10W5—110
	10kV 母线	FZ—10
	10kV 出线	FS—10
	主变中性点	FZ—40，间隙保护

阻片上，为了保证使用寿命，长期施加于避雷器上的运行电压不可超过避雷器允许的持续运行电压。避雷器选择情况见表 8-38。

第三节　发电厂接入系统及电气部分设计任务书

一、课题名称

_____新建发电厂的电气接入系统及电气部分设计。

二、内容及要求

（1）通过技术经济比较，确定本厂接入电力系统的方式。

（2）拟定电气主接线方式、厂用电接线方式。选择主变、厂变并校验自启动。

（3）选择各电压等级的开关电器、母线及互感器。

（4）配置继电保护、自动装置及控制测量方案。

（5）配电装置选择、布置及设计。

（6）防雷及接地方案设计。

（7）直流系统方案设计。

（8）其他。

（9）说明：①以上 8 项中的（5）、（6）、（7）项可选一项进行较深入的设计；②除了完成设计说明书 50～70 页外，还应作出系统接线图、发电厂主接线图、厂用电接线图及其他有关图纸 4～5 张；③在计算中应借助微机进行（1）～（2）项实例计算。

三、原始资料

（1）原有电力系统接线图及新厂____的位置如图 8-7 所示。

（2）原有系统及各负荷情况（此系统已运行____年）。其中：

1）系统 C1：$P_{C1\Sigma} = $ _____MW，$\cos\varphi = 0.85$，$X_{*C1\Sigma}$ _____，因该系统容量较大，运行中作为平衡节点，$U_{*C1} = 1.05\angle 0°$。

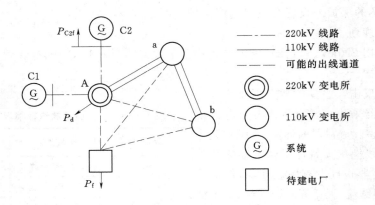

图 8-7　原有电力系统接线图及新厂位置图

2）系统 C2：$P_{C2\Sigma}=$_____MW，$\cos\varphi=0.85$，$X_{*C2\Sigma}=$____，$P_{C2f}=$____MW，$\cos\varphi=0.80$。

3）变电所 A：110kV 侧负荷 $P_d=$____MW，$\cos\varphi=$____，出线____回，主变压器：2×120MVA—220/121/38.5，型号：_____。

主接线：单母线分段带旁路/双母线带旁路/单母线分段，供电容器 $Q_C=$_____Mvar。

4）变电所 a：$P_a=$_____MW，$\cos\varphi=0.80$。

　　变压器：2×31.5MVA—110/38.5/11。

　　主接线：双母线/双母线/单母线分段。

　　出线数：35kV_____回，10kV_____回。

5）变电所 b：$P_b=$_____MW，$\cos\varphi=0.80$。

　　变压器：2×31.5MVA—110/38.5/11。

　　主接线：内桥（按单母线分段布置）/双母线/单母线分段。

　　出线数：35kV_____回，10kV_____回。

6）220kV 线路：

　　AC1：长_____km，截面 LGJQ—400。

　　AC2：长_____km，截面 LGJQ—400。

7）110kV 线路：

　　Aa：长_____km，截面 LGJQ—240。

　　ab：长_____km，截面 LGJQ—240。

8）为计算简便，数据统一为：$T_{max}=6000$h，最大负荷同时率$=1$，$P_{min}=0.7P_{max}$。估算用厂用电率为 9%。所有变电所均具有扩建的可能性。年均温度为 20℃。

四、新建电厂负荷情况与原有变电所的距离

（1）线路距离：FA=_____km，Fa=_____km，Fb=_____km，Ab=_____km。

（2）电气参数：发电机为_____，新建厂拟提供 110kV 负荷 $P_f=$_____MW，$\cos\varphi=0.80$，出线_____回。

（3）负荷增长情况（_____年预测值，$\cos\varphi=0.8$）：变电所 a 的负荷增至$P'_a=$_____MW；变电所 b 的负荷增至 $P'_b=$_____MW；变电所 A 的 110kV 侧负荷增至$P'_d=$_____MW。

附　　录

附表 1　　　　　　　　　　　部分汽轮发电机技术数据表

型　号	TQSS2 —6—2	QF2—12—2	QF2—25—2	QFS —50—2	QFN —100—2	QFS —125—2	QFS —200—2	QFS —300—2	QFSN —600—2
额定容量（MW）	6	12	25	50	100	125	200	300	600
额定电压（kV）	6.3	6.3 (10.5)	6.3 (10.5)	10.5	10.5	13.8	15.75	18	20
功率因数 $\cos\varphi$	0.8	0.8	0.8	0.8	0.85	0.85	0.85	0.85	0.90
同步电抗 X_d	2.680	1.598 (2.127)	1.944 (2.256)	2.14	1.806	1.867	1.962	2.264	2.150
暂态电抗 X'_d	0.290	0.180 (0.232)	0.196 (0.216)	0.393	0.286	0.257	0.246	0.269	0.265
次暂态电抗 X''_d	0.185	0.1133(0.1426)	0.122 (0.136)	0.195	0.183	0.18	0.146	0.167	0.205
负序电抗 X_2	0.22	0.138 (0.174)	0.149 (0.166)	0.238	0.223	0.22	0.178	0.204	0.203
T'_{d0}（s）	2.59	8.18	11.585	4.22	6.20	6.90	7.40	8.376	8.27
T''_{d0}（s）	0.0549	0.0712	0.2089	0.2089	0.1916	0.1916	0.1714	0.998	0.045
发电机 GD^2（t·m²）		1.80	4.94	5.7	13.00	14.20	23.00	34.00	40.82
汽轮机 GD^2（t·m²）		1.80	4.93	8.74	19.40	21.40		41.47	46.12

注　型号含义：T（位于第一个字）—同步；T（位于第二个字）—调相；Q（位于第一或第二个字）—汽轮；F— 发电机；Q（位于第三个字）—氢内冷；S 或 SS—双水内冷；K—快装；G—改进；TH—湿热带。

附表 2　　　　　　　　　　部分水轮发电机的技术数据表

型　号	TS425/65—32	TS425/94—28	TS854/184—44	TS1280/180—60	TS1264/160—48
额定容量（MW）	7.5	10	72.5	150	300
额定电压（kV）	6.3	10.5	13.8	15.75	13
功率因数 $\cos\varphi$	0.8	0.8	0.85	0.85	0.875
X_d	1.186	1.070	0.845	1.036	1.253
X'_d	0.346	0.305	0.275	0.314	0.425
X''_d	0.234	0.219	0.193	0.218	0.280
X_q	0.746	0.749	0.554	0.684	0.88
X''_q			0.200		0.322
X_2	0.547	0.228	0.197		0.289
T'_{d0}（s）		3.43	5.90	7.27	4.88
GD^2（t·m²）		540	12600	52000	53000

附表 3 部分调相机的技术数据表

型　号	TT—7.5—11	TT—15—8		TT—30—6	TTS—60—6
额定容量（MVA）	7.5	15	15	30	60
额定电压（kV）	11	6.6	11	11	11
功率因数 $\cos\varphi$	1.630	1.500	1.700	1.748	2.449
X_d	0.230	0.300	0.310	0.287	0.439
X'_d	0.150	0.121	0.160	0.187	0.211
X''_d	0.790	0.850	1.000	0.887	1.274
X_2	0.160	0.128	0.160	0.105	0.208
T'_{d0} （s）	5.65	7.32	7.14	10.58	
GD^2 （t・m²）			24.87	40	60

附表 4 6～110kV 架空线路的电阻和电抗值（Ω/km）

导线型号	r_1	x_1			
		6kV	10kV	35kV	110kV
LGJ—16/3	1.969	0.414	0.414		
LGJ—25/4	1.260	0.399	0.399		
LGJ—35/6	0.900	0.389	0.389	0.433	
LGJ—50/8	0.630	0.379	0.379	0.423	0.452
LGJ—70/10	0.450	0.368	0.368	0.412	0.441
LGJ—95/20	0.332	0.356	0.356	0.400	0.429
LGJ—120/25	0.223	0.348	0.348	0.392	0.421
LGJ—150/25	0.210			0.387	0.416
LGJ—185/30	0.170			0.380	0.410
LGJ—210/35	0.150			0.376	0.405
LGJ—240/40	0.131			0.372	0.401
LGJ—300/40	0.105			0.365	0.395
LGJ—400/50	0.079				0.386

附表 5 220～500kV 架空线路的电阻和电抗值（Ω/km）

导线型号	220kV				330kV		500kV	
	单根		二分裂		二分裂		四分裂	
	r_1	x_1	r_1	x_1	r_1	x_1	r_1	x_1
LGJ—185/30	0.170	0.440	0.085	0.320				
LGJ—210/35	0.150	0.435	0.075	0.317				
LGJ—240/40	0.131	0.432	0.066	0.315	0.066	0.324		
LGJ—300/40	0.105	0.425	0.053	0.312	0.053	0.320	0.026	0.279
LGJ—400/50	0.079	0.416	0.039	0.308	0.039	0.316	0.020	0.276
LGJ—500/45	0.063	0.411	0.032	0.305	0.032	0.313	0.016	0.275
LGJ—630/55					0.025	0.308	0.013	0.273
LGJ—800/70							0.010	0.271

附表 6   **110kV 及以上架空线路的电容值和充电功率**

| 导线型号 | 110kV | | 220kV | | | | 330kV | | 500kV | |
| | 单根 | | 单根 | | 二分裂 | | 二分裂 | | 四分裂 | |
	C_1 (μF/ 100km)	Q_{CL} (Mvar/ 100km)	C_1 (μF/ 100km)	Q_{CL} (Mvar/ 100km)	C_1 (μF/ 100km)	Q_{CL} (Mvar/ 100km)	C_1 (μF/ 100km)	Q_{CL} (Mvar/ 100km)	C_1 (μF/ 100km)	Q_{CL} (Mvar/ 100km)
LGJ—95/20	0.844	3.504								
LGJ—120/25	0.860	3.572								
LGJ—150/25	0.871	3.618								
LGJ—185/30	0.885	3.675	0.821	13.65	1.119	18.59				
LGJ—210/35	0.896	3.721	0.831	13.80	1.127	18.73				
LGJ—240/40	0.905	3.758	0.838	13.92	1.134	18.85	1.104	41.29		
LGJ—300/40	0.920	3.820	0.851	14.14	1.146	19.05	1.115	41.70	1.27	110.0
LGJ—400/50	0.940	3.912	0.870	14.46	1.163	19.33	1.132	42.31	1.28	110.9

附表 7   **LJ 铝绞线的长期允许载流量（环境温度 20℃）**

| 标称截面 （mm²） | 长期允许载流量（A） | | 标称截面 （mm²） | 长期允许载流量（A） | |
	+70℃	+80℃		+70℃	+80℃
16	112	117	185	534	543
25	151	157	210	584	593
35	183	190	240	634	643
50	231	239	300	731	738
70	291	301	400	879	883
95	351	360	500	1023	1023
120	410	420	630	1185	1180
150	466	476	800	1388	1377

附表 8   **LGJ 铝绞线的长期允许载流量（环境温度 20℃）**

| 标称截面 （mm²） | 长期允许载流量（A） | | 标称截面 （mm²） | 长期允许载流量（A） | |
	+70℃	+80℃		+70℃	+80℃
10	88	93	185	539	548
16	115	121	210	577	586
25	154	160	240	655	662
35	189	195	300	735	742
50	234	240	400	898	901
70	289	297	500	1025	1024
95	357	365	630	1187	1182
120	408	417	800	1403	1390
150	463	472			

附表 9   **裸铝导体载流量在不同海拔及环境温度时的修正系数**

| 最高允许温度(℃) | 导体及计算条件 | 海拔 （m） | 实际环境温度（℃） | | | | | | |
			+20	+25	+30	+35	+40	+45	+50
+70	屋内各类硬导体 不计日照的屋外软导体		1.05	1.00	0.94	0.88	0.81	0.74	0.67
+80	计及日照的屋外软导体	1000 及以下	1.05	1.00	0.95	0.89	0.83	0.76	0.69
		2000	1.01	0.96	0.91	0.85	0.79		
		3000	0.97	0.92	0.87	0.81	0.75		
		4000	0.93	0.89	0.84	0.77	0.71		

附表 10　　常用铝芯电力电缆长期允许载流量（A）

（地下 25℃；土壤热阻系数 80℃·cm/W；空气 25℃）

导体截面（mm²）	6kV						10kV				20～35kV			
	粘性纸绝缘		聚氯乙烯绝缘		交联聚乙烯绝缘		粘性纸绝缘		交联聚乙烯绝缘		粘性纸绝缘		交联聚乙烯绝缘	
	直埋地下	置空气中	直埋地下	置空气中	直埋地下	置空气中	直埋地下	置空气中	直埋地下	置空气中	直埋地下	置空气中	直埋地下	置空气中
10	55	48	46	43	70	60				60				
16	70	60	63	56	95	85	65	60	90	80				
25	95	85	81	73	110	100	90	80	105	95	80	75	90	85
35	110	100	102	90	135	125	105	95	130	120	90	85	115	110
50	135	125	127	114	165	155	130	120	150	145	115	110	135	135
70	165	155	154	143	205	190	150	145	185	180	135	135	165	165
95	205	190	182	168	230	220	185	180	215	205	165	165	185	180
120	230	220	209	194	260	255	215	205	245	235	185	180	210	200
150	260	255	237	223	295	295	245	235	275	270	210	200	230	230
185	295	295	270	256	345	345	275	270	325	320	230	230	250	
240	345	345	313	301	395		325	320	375					

注　1. 铜芯电缆的载流量为同等条件下铝芯电缆的 1.3 倍。

　　2. 本表为单根电缆的载流量。

附表 11　　充油电缆（无钢铠）长期允许载流量（A）

导线截面（mm²）	110kV		220kV		330kV	
	直埋地下	置空气中	直埋地下	置空气中	直埋地下	置空气中
100	290	330				
240	400	515	390	490		
400	470	655	460	625	430	590
600	520	780	515	750	480	705
700	540	820	535	795	500	750
845			575	875		

注　1. 充油电力电缆均为单芯铜线电缆。

　　2. 直埋地下敷设条件：埋深 1m，水平排列中心距 250mm；导体工作温度 75℃。环境温度 25℃，土壤热阻系数 80℃·cm/W，护层两端接地。

　　3. 在空气中敷设条件：水平靠紧排列，导体工作温度 75℃，环境温度 30℃，护层两端接地。

　　4. 在上述条件下，若电缆护层一端接地时载流量可大于表中数值。

附表 12　　导体长期允许工作温度（℃）

电　缆　种　类	额定电压（kV）				电　缆　种　类	额定电压（kV）			
	6	10	20～35	110～330		6	10	20～35	110～330
粘性纸绝缘	65	60	50		交联聚乙烯绝缘	90	90	80	
聚氯乙烯绝缘	65				充油纸绝缘			75	75

附表 13　　　　不同环境温度时载流量的校正系数 K_t

导体工作温度（℃）	环境温度（℃）								
	5	10	15	20	25	30	35	40	45
50	1.34	1.26	1.18	1.09	1.0	0.895	0.775	0.663	0.447
60	1.25	1.20	1.13	1.07	1.0	0.926	0.845	0.756	0.655
65	1.22	1.17	1.12	1.06	1.0	0.935	0.865	0.791	0.707
80	1.17	1.13	1.09	1.04	1.0	0.954	0.905	0.853	0.798

附表 14　　　　不同土壤热阻系数时载流量的校正系数

导线截面（mm²）	土壤热阻系数（℃·cm/W）				
	60	80	120	160	200
2.5～16	1.06	1.0	0.9	0.83	0.77
25～95	1.08	1.0	0.88	0.80	0.73
120～240		1.0	0.86	0.78	0.71

注　1. 潮湿土壤热阻系数取 60～80（指沿海、湖、河畔地带等雨量较多地区，如华东、华南地区等）。
　　2. 普通土壤热阻系数取 120（指平原地区，如华东、华北等）。
　　3. 干燥土壤热阻系数取 160～200（如高原地区、雨量少的山区、丘陵、干燥地带）。

附表 15　　　　电缆直接埋地多根并列敷设时载流量的校正系数

电缆间净距（mm²）	并列根数											
	1	2	3	4	5	6	7	8	9	10	11	12
100	1.00	0.90	0.85	0.80	0.78	0.75	0.73	0.72	0.71	0.70	0.70	0.69
200	1.00	0.92	0.87	0.84	0.82	0.81	0.80	0.79	0.79	0.78	0.78	0.77
300	1.00	0.93	0.90	0.87	0.86	0.85	0.85	0.84	0.84	0.83	0.83	0.83

附表 16　　　　电线电缆在空气中多根并列敷设时载流量的修正系数 K_1

线缆根数		1	2	3	4	5	4	6
排列方式		⊕	⊕ ⊕	⊕⊕⊕	⊕⊕⊕⊕	⊕⊕⊕⊕⊕	⊕⊕ / ⊕⊕	⊕⊕⊕ / ⊕⊕⊕
线缆中心距离	$s=d$	1.0	0.9	0.85	0.82	0.80	0.80	0.75
	$s=2d$	1.0	1.0	0.98	0.95	0.90	0.90	0.90
	$s=3d$	1.0	1.0	1.0	0.98	0.96	1.0	0.96

附表 17　　　　常用三芯电缆电阻、电抗及电纳值

导体截面（mm²）	电阻（Ω/km）		电抗（Ω/km）				电纳（10^{-6}S/km）			
	铜芯	铝芯	6kV	10kV	20kV	35kV	6kV	10kV	20kV	35kV
10			0.100	0.113			60	50		
16			0.094	0.104			69	57		
25	0.74	1.28	0.085	0.094	0.135		91	72	57	
35	0.52	0.92	0.079	0.083	0.129		104	82	63	
50	0.37	0.64	0.076	0.082	0.119		119	94	72	
70	0.26	0.46	0.072	0.079	0.116	0.132	141	100	82	63
95	0.194	0.34	0.069	0.076	0.110	0.126	163	119	91	68
120	0.153	0.27	0.069	0.076	0.107	0.119	179	132	97	72
150	0.122	0.21	0.066	0.072	0.104	0.116	202	144	107	79
185	0.099	0.17	0.066	0.069	0.100	0.113	229	163	116	85
240			0.063	0.069			257	182		
300			0.063	0.066						

附表 18　　　　　　　　　　矩形铝导体长期允许载流量（A）

导体尺寸 $h \times b$（mm²）	单　　条		双　　条		三　　条		四　　条	
	平放	竖放	平放	竖放	平放	竖放	平放	竖放
25×4	292	308						
25×5	332	350						
40×4	456	480	631	665				
40×5	515	543	719	750				
50×4	565	594	779	820				
50×5	637	671	884	930				
63×8	995	1082	1511	1644	1908	2075		
63×10	1129	1227	1800	1954	2107	2290		
80×8	1249	1358	1858	2020	2355	2560		
80×10	1411	1535	2185	2375	2806	3050		
100×8	1547	1682	2259	2455	2778	3020		
100×10	1663	1807	2613	2840	3284	3570	3819	4180
125×8	1920	2087	2670	2290	3206	3485		
125×10	2063	2242	3152	3426	3903	4243	4560	4960

注　以上是在基准环境温度＋25℃；导体长期允许发热温度为＋70℃条件下的数据。

附表 19　　　　　　　　我国一些城市最热月平均最高温度（℃）

城　市	最热月平均最高温度	城　市	最热月平均最高温度	城　市	最热月平均最高温度	城　市	最热月平均最高温度
齐齐哈尔	27.9	酒泉	29.5	南京	32.3	遵义	30.5
哈尔滨	28.2	西宁	24.4	上海	32.3	贵阳	29.0
吉林	28.4	乌鲁木齐	29.0	合肥	32.5	昆明	25.5
沈阳	29.6	克拉玛依	31.4	杭州	33.5	拉萨	23.0
锦州	29.1	北京	30.9	福州	34.2	南宁	32.8
大连	27.2	天津	31.6	台北	32.2	韶关	34.4
呼和浩特	28.1	石家庄	31.9	武汉	33.3	广州	32.6
包头	29.4	太原	30.3	南昌	34.2	海口	33.7
银川	30.0	济南	32.6	长沙	34.2		
西安	32.3	青岛	28.8	成都	30.2		
兰州	29.7	郑州	32.4	重庆	33.5		

附表 20　　　　　　220kV双绕组无励磁调压电力变压器技术数据表

型　号	额定容量（kVA）	额定电压（kV）		空载电流（%）	损耗		阻抗电压（%）
		高　压	低压		空载（kW）	负载（kW）	
SFP—400000/220	400000	236±2×2.5%	18	0.8	250	970	14
SFP₇—360000/220	360000	242±2×2.5%	18	0.28	190	860	14.3
SFP₃—340000/220	340000	242±2×2.5%	20	1.0	190	860	14.3
SSP₂—260000/220	260000	242±2×2.5%	15.75	0.7	255	1553	14
SFP₇—240000/220	240000	242±2×2.5%	15.75	0.4	185	620	14
SSP₃—200000/220	200000	242±2×2.5%	13.8	1.1	216	854	14.1
SFP₃—180000/220	180000	242±2×2.5%	69	1.2	200	830	14
SFP₇—120000/220	120000	242±2×2.5%	10.5	0.9	118	385	13
SFP₇—40000/220	40000	220±2×1.5% 或 242±2×1.5%	6.3，6.6 10.5，11	1.1	52	175	12

附表 21　　　　　　　220kV 无励磁调压三绕组自耦变压器技术数据表

额定容量 (kVA)	电压组合及分接头范围			连接组标号	升压组合		
	高压 (kV)	中压 (kV)	低压 (kV)		空载损耗 (kW)	负载损耗 (kW)	空载电流 (%)
35100			6.6*		31	130	0.9
40000			10.5		37	160	0.9
50000			11*, 13.8		42	189	0.8
63000	220*±2×2.5%	121	35*	YN, a0, d11	50	224	0.8
90000	242±2×2.5%		38.5*		63	307	0.7
120000			10.5		77	378	0.7
150000			11, 13.8		91	450	0.6
180000			15.75		105	515	0.6
240000			18, 35*		124	662	0.5
			38.5				

额定容量 (kVA)	降压组合			阻抗电压 (%)					
	空载损耗 (kW)	负载损耗 (kW)	空载电流 (%)	升压			降压		
				高—中	高—低	中—低	高—中	高—低	中—低
31500	28	110	0.8						
40000	33	135	0.8						
50000	38	160	0.7						
63000	45	190	0.7						
90000	57	260	0.6	12—14	8—12	14—18	8—10	28—34	18—24
120000	70	320	0.6						
150000	82	380	0.5						
180000	95	430	0.5						
240000	112	560	0.4						

注　1. 容量分配升压组合为 100/50/100，降压组合为 100/100/50。

　　2. 表中阻抗电压为 100% 额定容量时的数值。

*　表示降压变压器采用的数据。

附表 22　　　　　　　220kV 有载调压三绕组自耦变压器技术数据表

额定容量 (kVA)	电压组合及分接范围			连接组标号	空载损耗 (kW)	负载损耗 (kW)	空载电流 (%)	容量分配 (%)	阻抗电压 (%)		
	高压 (kV)	中压 (kV)	低压 (kV)						高—中	高—低	中—低
31500			6.3		32	121	0.9				
40000			6.6		38	147	0.9				
50000			10.5		45	175	0.8				
63000	220±	121	11	YN, a0, d11	53	210	0.8	100	8—10	28—34	18—24
90000	8×1.25%		35		64	276	0.7	100			
			38.5		80	343	0.7	50			
120000			10.5		95	406	0.6				
150000			11		107	466	0.6				
180000			35		130	600	0.5				
240000			38.5								

附表 23　　　　　　　　　110kV 双绕组无励磁调压电力变压器技术数据表

型　号	额定容量(kVA)	额定电压（kV）		空载电流（%）	损耗		阻抗电压（%）
		高　压	低压		空载(kW)	负载(kW)	
SFP₇—150000/110	150000	110±2×2.5%（121）	13.8	0.6	107	547	13
SFP₇—120000/110	120000	121±2×2.5%	13.8	0.5	99.4	410	10.5
SFP—120000/110	120000	121	10.5		107	422	10.5
SSPL₇—63000/110	63000	121±2×2.5%	13.8	0.6	50.48	265.5	10.59
SFP₇—63000/110	63000	110±2×2.5%（121）	10.5	0.6	52	254	10.5
SFL₁—50000/110	50000	110±2×2.5%（121）	0.3, 6.6 10.5, 11	0.7	65	260	10.5
SF₇—40000/110	40000	110	11	0.7	46	174	10.5
SFL—40000/110	40000	110±2×2.5%（121）	10.5	0.7	45	174	10.5
SFL₇—31500/110	31500	110 121±2×2.5%	0.3, 6.6 10.5, 11	0.8	38.5	148	10.5
SF₇—31500/110	31500	110±2×2.5%（121）	10.5	0.8	31	47	10.5
SF₇—31500/110	31500	110±2×2.5%	10.5		38.5	14.8	10.5
SF₇—31500/110	31500	110±2×2.5%（121）	6.3, 6.6 10.5, 11		38.5	148	10.5
SFL₇—31500/110	31500	110±2×2.5%（121）	6.3, 6.6 10.5, 11		38.5	148	10.5
SFL₇—25000/110	25000	110±2×2.5%（121）	10.5	0.9	31	121	10.5
SF₇—25000/110	25000	110±2×2.5%（121）	6.3, 6.6 10.5, 11		32.5	123	10.5
SFL₇—25000/110	25000	11±2×2.5%（121）	6.3, 6.6 10.5, 11		32.5	123	10.5
SFL₇—20000/110	20000	110±2×2.5%（121）	6.3, 6.6 10.5	0.9	27.5	104	10.5
SFL₇—20000/110	20000	110±2×2.5%（121）	6.3, 10.5 6.6, 11	0.9	27.5	104	10.5
SF—20000/110	20000	110±2×2.5%	27.5	1.025	25.5	100.34	10.324
SFL₁—20000/110	20000	110±2×2.5%	27.5	1.2	29.7	107.3	10.4
SF₇—20000/110	20000	110±2×2.5%（121）	10.5	0.8	27	104	10.5
SFL₇—20000/110	20000	110±2×2.5%（121）	6.3, 6.6 10.5		27.5	104	10.5
SF₇—20000/110	20000	110±2×2.5%（121）	6.3, 6.6 10.5, 11		27.5	104	10.5

附表 24

110kV 三绕组有载调压电力变压器技术数据表

型　号	额定容量 (kVA)	额定电压 (kV)			空载电流 (%)	空载损耗 (kW)	负载损耗 (kW)			阻抗电压 (%)		
		高压	中压	低压			高—中	高—低	中—低	高—中	高—低	中—低
$SFSY_7$—75000/110	75000	110±2×2.5%			0.45	70		267			10.5	
$SFPSL_7$—63000/110	63000	110±2×2.5% 121±2×2.5%	35±2×2.5% 38.5±2×2.5%	6.3,6.6 10.5,11	0.8	77		300		17—18 (10.5)	10.5 (17—18)	6.5
$SFPS_7$—63000/110	63000	110±2×2.5% 121±2×2.5%	38.5±2×2.5%(35)	6.3,6.6 10.5,11	1.0	76		265			10.5	
$SFSY_7$—50000/110	50000	110±2×2.5%	27.5	27.5	0.54	54		194.6			9.9	
SFS_7—50000/110	50000	110	38.5	6.3,6.6 10.5,11		65		250		10.5	17.5	6.5
SFS_7—40000/110	40000	110±2×2.5% 121±2×2.5%	38.5±2×2.5%(35)	6.3,6.6 10.5,11	1.1	54		193			10.5	
$SFSL_7$—31500/110	31500	110±2×2.5% 121±2×2.5%	35±2×2.5% 38.5±2×2.5%	6.3,6.6 10.5,11	1.0	46		175		10.5 (17—18)	10.5 (17—18)	6.5
SFS_7—31500/1100	31500	110±2×2.5%	38.5±2×2.5%	11	1.02	46		175		10.5	18	6.5
SFS_7—31500/1100	31500	110±2×2.5% 121±2×2.5%	38.5±5%(35)	6.3,6.6 10.5,11	1.0	39		165		10	10.5	
$SFSL_7$—31500/110	31500	110±2×2.5% 121±2×2.5%	35±2×2.5% 38.5±2×2.5%	6.3,6.6 10.5,11	1.1	44		162			10.5	
SFS_7—31500/110	31500	110±2×2.5% 121±2×2.5%	35±2×2.5% 38.5±2×2.5%	6.3,6.6 10.5,11	1.0	46		175		10.5 (17—18)	10.5 (17—18)	6.5
SFS_7—25000/1100	25000	110±2×2.5%	38.5±2×2.5%	11	0.8	37.7	152.4	151.2	112.74	10.25	17.9	6.53
SFS_7—25000/110	25000	110	35±2×2.5%(35) 38.5±22.5%(35)	6.3,6.6 10.5,11		33		143			10.5	
SFS_7—31500/1100	25000	110±2×2.5% 121	35±2×2.5%	10.5		38		148		17—18	10.5	
SFS_7—25000/110	25000	110±2×2.5% 121	35 38.5±2×2.5%	6.3,6.6 10.5,11		38.5		148		10.5 (17—18)	10.5 (17—18)	6.5

续表

型　号	额定容量 (kVA)	额定电压 (kV) 高压	中压	低压	空载电流 (%)	空载损耗 (kW)	负载损耗 (kW) 高-中	高-低	中-低	阻抗电压 (%) 高-中	电-低	中-低
SFSL$_7$-31500/110	25000	110±2×2.5% 121	35	6.3、6.6 10.5、11		38.5		148		10.5 (17—18)	10.5 (17—18)	6.5
SFSL$_7$-31500/110	20000	110±2×2.5% 121	35 38.5±2×2.5%	6.3、6.6 10.5、11	1.1	33		125		10.5 (17—18)	10.5 (17—18)	6.5
SFS$_7$-20000/110	20000	110±2×2.5% 121	35 38.5±2×2.5%	6.3、6.6 10.5、11	1.0	26		123			10.5	
SFSL$_7$-20000/110	20000	110±2×2.5% 121	35 38.5±2×2.5%	6.3、6.6 10.5、11	1.3	32		123			17.5	
SFS$_7$-20000/110	20000	110±2×2.5% 121	35 38.5±2×2.5%	6.3、6.6 10.5、11		33		125		17—18 (10.5)	10.5 (17—18)	6.5
SFPSZ$_7$-63000/110	63000	115±8×1.25%	38.5±5%	6.3	1	84.7		300		10.5	6.5	6.5
SFSZ$_7$-630000/110	63000	110±8×1.25%	38.5±2×2.5%	6.6、10.5 6.3、11	1.2	84.7		300		17—18 (10.5)	10.5 (17—18)	6.5
SFPS-6300/110	63000	110±8×1.25%	38.5±5%	11	0.8	77		300		10.5	15.5	6.5
SFPSZ$_7$-63000/110	63000	121 110±8×1.25%	38.5±5% 35	6.3、6.6 10.5、11		67		270			10.5	
SSPSZ$_7$-50000/110	50000	121±3×2.5%	38.5±5%	13.8	1.3	64.74	24.679	23.601	188.13	17.89	10.49	6.262
SFSZ$_7$-50000/110	50000	110±8×1.25%	38.5±2×2.5%	6.3、6.6 10.5、11	1.1	71.2		250		17—18 (10.5)	10.5 (17—18)	6.5
SFSZQ$_7$-40000/110	40000	110±8×1.25%	38.5±5%	10.5	1.3	60.2		210		10.5	17.5	6.5
SFSZL$_7$-40000/110	40000	110±8×1.25%	38.5±2×2.5%	6.3、6.6 10.5、11	1.3	60.2		210		17—18 (10.5)	10.5 (17—18)	6.5
SFSZ$_7$-40000/110	40000	110±8×1.25%	38.5±2×2.5%	6.3、6.6 10.5、11		60.2		210		17—18 (10.5)	10.5 (17—18)	6.5

续表

型号	额定容量 (kVA)	额定电压 (kV)			空载电流 (%)	空载损耗 (kW)	负载损耗 (kW)			阻抗电压 (%)		
		高压	中压	低压			高中	高低	中低	高中	高低	中低
SFSZL−40000/110	40000	110±8×1.25%	38.5±2×2.5%	6.3,6.6 10.5,11		60.2		210		10.5	17.5	6.5
SFSZ₇−40000/110	40000	110 121±4×1.25%	38.5±5% 35	6.3,6.6 10.5,11	1.1	54		192			10.5	6.5
SFSZ₇−31500/110	31500	110±8×1.25%	38.5±2×2.5%	11	1.09	50.3		175		10.5	17.5	6.5
SFSZQ₇−31500/110	31500	110±8×1.25%	38.5±2×2.5%	10.5	1.15	50.3		175		10.5	18	6.5
SFSLZ₇−31500/110	31500	110±8×1.25%	38.5±5%	11	0.7	34.5	175	175	165	10.5	17−18	6.5
SFSZL₇−31500/110	31500	110±8×1.25%	38.5±2×2.5%	6.3,6.6 10.5,11	1.4	50.3		175		17−18 (10.5)	10.5 (17−18)	6.5
SFSZL−31500/110	31500	110±8×1.25%	38.5±2×2.5% 35	11		50.3		175		10.5	17.5	6.5
SFSZ₇−31500/110	31500	121 110±8×1.25%	38.5±2×2.5% 35	6.3,6.6 10.5,11	0.8	38		160			10.5	6.5
SFSZL₇−31500/110	315000	121 110±8×2.5%	38.5±2×2.5%	6.3,6.6 10.5,11	1.1	46		160		17−18 (10.5)	10.5 (17−18)	
SFSZL₇−30000/110	30000	110±8×1.25%	38.5±2×2.5%	6.3,6.6 10.5,11	1.5	35.8		125		10.5	17.5	6.5
SFSZ₇−20000/110	20000	121±3×1.25%	36.75±5%	10.5	1.5	31.25	131.7	138.65	99.68	10.74	17.88	6.21
SFSZ₇−20000/110	20000	110±8×1.25%	38.5±2×2.5%	6.3,6.6 10.5,11		35.8		125		10.5	17.5	6.5
SFSZL−20000/110	20000	110	38.5	6.3,6.6 10.5,11		33		125			17.5	6.5
SFSZ₇−20000/110	20000	121 110±3×2.5%	38.5±2×2.5%	6.3,6.6 10.5,11	0.9	26		121			10.5	

附表 25　　　　　　　　　　**110kV 双绕组变压器技术数据表**

型　　号	额 定 电 压 (kV) 高 压	低 压	连接组标号	损耗 (kW) 空载	负载	空载电流 (%)	阻抗电压 (%)
S$_7$—6300/110				11.6	41	1.1	
S$_7$—8000/110				14.0	50	1.1	
SF$_7$—8000/110				14.0	50	1.1	
SF$_7$—10000/110				16.5	50	1.0	
SF$_7$—12500/110				19.5	70	1.0	
SF$_7$—16000/110				23.5	86	0.9	
SF$_7$—20000/110				27.5	104	0.9	
SF$_7$—25000/110				32.5	125	0.8	
SF$_7$—31500/110				38.5	140	0.8	
SF$_7$—40000/110	11	46.0	174	0.8	
SFP$_7$—50000/110	121±2×2.5%	10.5		55.0	215	0.7	
SFP$_7$—63000/110	110±2×2.5%	6.6		65.0	260	0.6	
SF$_7$—75000/110		6.3		75.0	300	0.6	
SFP$_7$—90000/110				85.0	346	0.6	
SFP$_7$—120000/110				106.0	422	0.6	
SFL$_7$—8000/110				14.0	50	1.1	
SFL$_7$—10000/110				16.5	50	1.0	
SFL$_7$—12500/110				19.5	70	1.0	
SFL$_7$—16000/110				23.5	86	0.9	
SFL$_7$—20000/110				27.5	104	0.9	
SFL$_7$—25000/110				32.5	123	0.8	
SFL$_7$—31500/110				38.5	148	0.8	
SFP$_7$—12000/110	121±2×2.5% 110±2×2.5%	10.5 13.8		106.0	422	0.5	
SFP$_7$—18000/110	121±2×2.5%	15.75	YN, d11	110.0	550	0.5	10.5
SFQ$_7$—20000/110				27.5	104	0.9	
SFQ$_7$—25000/110				32.5	125	0.8	
SFQ$_7$—31500/110	121±2×2.5%			38.5	148	0.8	
SFQ$_7$—40000/110	110±2×2.5%			46.0	174	0.7	
SFPQ$_7$—50000/110				55.0	216	0.7	
SFPQ$_7$—63000/110		11		65.0	260	0.6	
SFZL$_7$—8000/110		10.5		15.0	50	1.4	
SFZL$_7$—10000/110		6.6		17.8	59	1.3	
SFZL$_7$—12500/110		6.3		21.0	70	1.3	
SFZL$_7$—16000/110	121±3×2.5%			25.3	86	1.2	
SFZL$_7$—20000/110	110±3×2.5%			30.0	104	1.2	
SFZL$_7$—25000/110				35.5	123	1.1	
SFZL$_7$—31500/110				4202	148	1.1	
SFZL$_7$—50000/110				59.7	216	1.1	
SFZL$_7$—63000/110	110±8×1.25%			59.7	260	1.0	
SFZ$_7$—63000/110	110+10×1.25% 110−6×1.25%	38.5		71.0	260	0.9	
SFZQ$_7$—20000/110				30	104	0.9	
SFZQ$_7$—25000/110				35.5	123	1.2	
SFZQ$_7$—31500/110	110±8×1.25%	11		42.2	148	1.1	
SFZQ$_7$—40000/110		10.5		50.5	174	1.0	
SFZQ$_7$—31500/110	115±8×1.25%	6.6 6.3		42.2	148	1.1	
SFZQ$_7$—50000/110				59.7	216	1.0	
SFZQ$_7$—63000/110	110±8×1.25%			71.0	260	0.9	

续表

型　号	额定电压（kV）		连接组标号	损耗（kW）		空载电流（%）	阻抗电压（%）
	高　压	低　压		空载	负载		
SFZ9—6300/110				10	36.9	0.8	
SFZ9—8000/110				12	45.0	0.76	
SFZ9—10000/110				14.24	53.1	0.72	
SFZ9—12500/110				16.8	63.0	0.67	
SFZ9—16000/110				20.24	77.4	0.63	
SFZ9—20000/110				24	93.6	0.62	
SFZ9—25000/110				28.4	110.7	0.55	
SFZ9—31500/110				37.76	133.2	0.55	
SFZ9—40000/110				40.4	156.6	0.5	
SFZ9—50000/110		11		47.76	194.4	0.5	
SFZ9—63000/110		10.5		56.8	234.0	0.4	
SFZ10—6300/110	110±8×1.25%	6.6	YN，d11	8.75	34.85	0.72	10.5
SFZ10—8000/110		6.3		10.50	42.50	0.68	
SFZ10—10000/110				12.46	50.15	0.65	
SFZ10—12500/110				17.70	59.50	0.60	
SFZ10—16000/110				17.71	73.10	0.57	
SFZ10—20000/110				21	88.40	0.56	
SFZ10—25000/110				24.85	104.55	0.50	
SFZ10—31500/110				29.54	125.80	0.50	
SFZ10—40000/110				35.35	147.90	0.45	
SFZ10—50000/110				41.79	183.60	0.45	
SFZ10—63000/110				49.70	221	0.36	

附表 26　　　　　　　　35kV 级配电变压器技术参数

型　号	额定容量（kVA）	电压组合			连接组标号	空载损耗（W）	负载损耗（W）	空载电流（%）	阻抗电压（%）
		高压（kV）	分接头范围（%）	低压（kV）					
SC9—315/35	800					1300	4800		
SC9—400/35	1000					1520	5900	2.0	
SC9—500/35	1250					1750	7200		
SC9—630/35	1600					2050	8500		
SC9—800/35	2000	35	±5×2.5%	0.4	Y，yn0	2400	10100	1.8	6
SC9—1000/35	2500	38.5	或 ±2×2.5%		或 D，yn11	2700	11700		
SC9—1250/35	3150					3150	14200	1.6	
SC9—1600/35	4000					3600	17200		
SC9—2000/35	5000					4250	20250	1.4	
SC9—2500/35	6300					5000	24250		

附表 27　　　　　　6～10kV 低损耗全密封波纹油箱配电变压器技术参数

额定容量 （kVA）	连接组 标号	电压组合（kV）			空载损耗	负载损耗	空载电流	短路阻抗
		高压	低压	分接范围				
S₉—M—30					0.13	0.60	2.1	4
S₉—M—50					0.17	0.87	2.0	4
S₉—M—63					0.20	1.04	1.9	4
S₉—M—80					0.25	1.25	1.8	4
S₉—M—100					0.29	1.50	1.6	4
S₉—M—125					0.34	1.80	1.5	4
S₉—M—160					0.40	2.20	1.4	4
S₉—M—200		6.3			0.48	2.60	1.3	4
S₉—M—250		6.3			0.56	3.05	1.2	4
S₉—M—315	Y，yn0	10	0.4	±5％	0.67	3.65	1.1	4
S₉—M—400		10.5			0.80	4.30	1.0	4
S₉—M—500		11			0.96	5.10	1.0	4
S₉—M—630					1.20	6.20	0.9	4
S₉—M—800					1.40	7.50	0.8	4
S₉—M—1000					1.70	10.3	0.7	4
S₉—M—1250					1.95	12.8	0.6	4
S₉—M—1600					2.4	14.5	0.6	4
S₉—M—2000					2.85	17.8	0.6	4

附表 28　　　　　　10kV 真空压力浸渍式干式变压器技术参数

规格型号	电压组合（kV）		连接组标号	空载损耗 （W）	负载损耗 （W）	空载电流 （％）	短路阻抗 （％）
	高压	低压					
SG10—100				450	1200	1.8	
SG10—160				560	1700	1.4	
SG10—200				655	1900	1.4	
SG10—250				760	2700	1.4	
SG10—315				880	3000	1.4	
SG10—400				1040	3800	1.2	
SG10—500	6			1200	4600	1.2	
SG10—630	6.3			1340	5500	1	4
SG10—800	10			1695	6900	1	
SG10—1000	10.5		Y，yn0 或 D，yn11	1980	8500	1	6
SG10—1250	11	0.4		2380	9200	1	
SG10—1600				2735	11500	1	8
SG10—2000				3320	13900	1	
SG10—2500				4000	16000	1	9
SG10—3150				5250	21400	1.2	
SG10—4000				7000	26000	1.2	
SG10—5000	35			8100	29500	1.2	
SG10—6300	35			9800	35000	1.2	
SG10—8000	38.5			11500	42000	1.2	
SG10—10000	38.5			13000	47000	1.2	

附表 29　　　　　　　　　　　**密集型并联电容器技术数据表**

型　　号	额定电压 （kV）	额定容量 （kvar）	型　　号	额定电压 （kV）	额定容量 （kvar）
BFF6.6/√3—1000—1	6.6/√3	1000	BFF11/√3—1200—3	11/√3	1200
BFF11/√3—1200—1	11/√3	1200	BFF11/√3—1400—3	11/√3	1400
BFF11/√3—1400—1	11/√3	1400	BFF11/√3—1500—3	11/√3	1500
BFF11/√3—1500—1	11/√3	1500	BFF11/√3—1600—3	11/√3	1600
BFF11/√3—1600—1	11/√3	1600	BFF11/√3—1800—3	11/√3	1800
BFF11/√3—1667—1	11.5/√3	1667	BWF11—1800—3	11	1800
BFF12.5/√3—1800—1	12.5/√3	1667	BFF11/√3—2000—3	11/√3	2000
BFF11/√3—2000—1	11/√3	1800	BFF11/√3—2400—3	11/√3	2400
BFF6.6/√3—2000—1	6.6/√3	2000	BFF11/√3—3000—3	11/√3	3000
BFF11/√3—2000—1	11/√3	2000	BFF11—3000—3	11	3000
BFF11/√3—2400—1	11/√3	2400	BFF11/√3—3600—3	11/√3	3600
BFF11/√3—2500—1	11/√3	2500	BWF11—3600—3	11	3600
BFF11/√3—3000—1	11/√3	3000	BFF11/√3—4800—3	11/√3	4800
BFF11/√3—3334—1	11/√3	3334	BFF11/√3—5200—3	11/√3	5000
BFF66/√3—1000—1	66/√3	1000	BWF11—5000—3	11	5000
BFF66/√3—2000—1	66/√3	2000			

注　电力电容器型号说明

　　□　□　□—□—□
　　1　　2　　3　　4　　5

位置 1：其字母为系列代号。
　　　　A—交流滤波电容器；B—并联电容器；C—串联电容器。
位置 2：其字母为介质代号。
　　　　FF—二芳基乙烷浸膜纸复合介质；WF—烷基苯浸膜纸复合介质；W—烷基苯浸纸介质。
位置 3：表示额定电压，kV。
位置 4：表示额定容量，kvar。
位置 5：表示相数。

附表 30　　　　　　　　　　**6～63kV 串联电抗器技术表**

产　品　型　号	额定容量 （kvar）	线路电压 （kV）	端子电流 （A）	电抗 （%）	阻抗 （Ω）	损耗 （W）
CKS(Q)—36/6	36	6.3	55	6	3.96	690
CKS(Q)—60/6	60	6.3	92	6	2.37	1060
CKS(Q)—90/6	90	6.3	137.5	6	1.58	1500
CKS(Q)—120/6	12	6.3	183.5	6	1.19	1910
CKS(Q)—150/6	150	6.3	229	6	0.95	2310
CKS(Q)—180/6	180	6.3	275	6	0.79	2690
CKS(Q)—240/6	240	6.3	367	6	0.59	3440
CKS(Q)—300/6	300	6.3	459	6	0.47	4160
CKS(Q)—360/6	360	6.3	550.5	6	0.40	4850
CKS(Q)—450/6	450	6.3		6		5890
CKS(Q)—600/6	600	6.3		6		1130
CKS(Q)—900/6	900	6.3		6		1172
CKS(Q)—36/10	36	10.5	33	6		650
CKS(Q)—60/10	60	10.5	55	6	6.62	950
CKS(Q)—90/10	90	10.5	82.6	6	4.41	1300
CKS(Q)—120/10	120	10.5	111.2	6	3.31	1600
CKS(Q)—1500/10	150	10.5	137.7	6	2.66	1900

产　品　型　号	额定容量 （kvar）	线路电压 （kV）	端子电流 （A）	电抗 （%）	阻抗 （Ω）	损耗 （W）
CKS(Q)—180/10	180	10.5	165.3	6	2.21	2200
CKS(Q)—240/10	240	10.5	220.4	6	1.65	2800
CKS(Q)—300/10	300	10.5	275.5	6	1.32	3200
CKS(Q)—360/10	360	10.5	330.6	6		3700
CKS(Q)—450/10	450	10.5	413.2	6	0.88	4600
CKS(Q)—600/10	600	10.5	551	6	0.6	5400
CKS(Q)—1300/10	1300	10.5	1190	6		7400
CKSQ—60/35	60	35	16.5		73.45	
CKSQ—90/35	90	35	24.75		48.97	1060
CKSQ—120/35	120	35	33		36.73	1910
CKSQ—150/35	150	35	41.25		29.38	2310
CKSQ—180/35	180	35	49.5	6、10	24.48	2690
CKSQ—240/35	240	35	66		18.36	
CKSQ—300/35	300	35	82.5		14.69	4160
CKSQ—360/35	360	35	99		12.24	4850
CKSQ—450/35	450	35	123.76		9.79	8590
CKSQ—600/35	602	35	165		7.34	11700
CKSQ—900/35	900	35	247.4			11720
CKD—50/35	50	35	41.25		29.38	
CKD—80/35	80	35	66		18.36	
CKD—100/35	100	35	82.5		14.69	
CKD—120/35	120	35	99		12.24	
CKD(Q)—150/35	150	35	123.76		9.79	3200
CKD(Q)—180/35	180	35	148.51		8.16	
CKD(Q)—200/35	200	35	165	6	7.34	3000
CKD(Q)—300/35	300	35	247.52		4.89	3120
CKD(Q)—400/35	400	35	321			6000
CKD—450/35	450	35	371.29		3.26	
CKD—600/35	600	63	495.05		2.45	
CKD(Q)—100/60	100	63	43.7		52.52	
CKD(Q)—200/60	200	63	87.5		26.13	2600
CKD(Q)—300/60	300	63	131.2		17.42	
CKD(Q)—400/60	400	63	175		13.06	5200
CKD(Q)—500/60	500	63	218.7		10.45	
CKD(Q)—600/60	600	63	262.5		8.7	

附表 31　　　　　　　**6～63kV 消弧线圈技术数据表**

产 品 型 号	容量（kVA）	电压（kV）	电流（kA）	电抗（Ω）
XD—44/6	22.75～45.5	$6.3/\sqrt{3}$	6.25～12.5	582～291
XD—57.5/6	45.5～91	$6.3/\sqrt{3}$	12.5～25	291～145.5
XD—175/6	91～182	$6.3/\sqrt{3}$	25～50	145.5～72.8
XD—350/6	182～364	$6.3/\sqrt{3}$	50～100	72.8～36.4
XD—700/6	364～728	$6.3/\sqrt{3}$	100～200	36.4～18.2
XD—1400/6	728～1455	$6.3/\sqrt{3}$	200～400	18.2～9.1
XD—300/10	251～303	$10.5/\sqrt{3}$	25～50	242.4～121.2
XD—600/10	303～606	$10.5/\sqrt{3}$	50～100	121.2～60.6
XD—1200/10	606～1212	$10.5/\sqrt{3}$	100～200	60.6～30.3
XD—275/35	139～278	$38.5/\sqrt{3}$	6.25～12.5	3557～1778
XD—550/35	278～556	$38.5/\sqrt{3}$	12.5～25	1778～889
XD—1110/35	550～1112	$38.5/\sqrt{3}$	25～50	889～445
XD—2220/35	1112～2223	$38.5/\sqrt{3}$	50～100	445～222
XD—700/44	350～700	$48.4/\sqrt{3}$	12.5～25	2440～1120
XD—1400/44	700～1400	$48.4/\sqrt{3}$	25～50	1120～560
XD—950/60	476～953	$66/\sqrt{3}$	12.5～25	3049～1524
XD—1900/60	953～1966	$66/\sqrt{3}$	25～50	1524～762
XD—3800/60	1966～3811	$66/\sqrt{3}$	50～100	762～381

注　消弧线圈型号说明

　　□　□—□　/　□
　　1　2　3　　4

位置 1、2 为字母：X—消弧线圈；D—单相。
位置 3：表示额定容量（kVA）。
位置 4：表示额定电压（kV）。

附表 32　　　　　　　**3～35kV 限流式熔断器主要技术参数**

系 列 型 号	额定电压（kV）	额定电流（A）	断流容量（MVA）	备　　注
RN_1	3 6 10 15	20～400 20～300 20～200 5～40	200	供电线路的短路 或过电流保护用
RN_2	10，20，35	0.5	1000	保护户内电压互感器

续表

系 列 型 号	额定电压（kV）	额定电流（A）	断流容量（MVA）	备　　注
RN$_3$	3 6 10	10～200 10～200 10～150	200	
RW$_9$—35	35	0.5 2～10	2000 600	保护户外电压互感器

附表 33　　　　　隔离开关主要技术参数

型　　号	额定电压 （kV）	额定电流 （A）	极限通过电流（kA）		5s 热稳定 电流（kA）	操动机构 型号
			峰值	有效值		
GN$_2$—10/2000	10	2000	85	50	36（10s）	CS$_6$—2
GN$_2$—10/3000	10	3000	100	60	50（10s）	CS$_7$
GN$_2$—20/400	20	400	50	30	10（10s）	CS$_6$—2
GN$_2$—35/400	35	400	50	30	10（10s）	CS$_6$—2
GN$_2$—35/600	35	600	50	30	14（10s）	CS$_6$—2
GN$_2$—35T/400	35	400	52	30	14	CS—2T
GN$_2$—35T/600	35	600	64	37	25	CS$_6$—2T
GN$_2$—35T/1000	35	1000	70	49	27.5	CS$_6$—2T
GN$_6$—6T/200，GN8—6/200	6	200	25.5	14.7	10	
GN$_6$—6T/400，GN8—6/400	6	400	52	30	14	
GN$_6$—6T/600，GN8—6/600	6	600	52	30	20	
GN$_6$—10T/200，GN8—10/200	10	200	25.5	14.7	10	CS$_6$—1T
GN$_6$—10T/400，GN8—10/400	10	400	52	30	14	
GN$_6$—10T/600，GN8—10/600	10	600	52	30	20	
GN$_6$—10T/1000，GN8—10/1000	10	1000	75	43	30	
GN$_{10}$—10T/3000	10	3000	160	90	75	CS$_9$ 或 CJ$_2$
GN$_{10}$—10T/4000	10	4000	160	90	80	CS$_9$ 或 CJ$_2$
GN$_{10}$—10T/5000	10	5000	200	110	100	CJ$_2$
GN$_{10}$—10T/6000	10	6000	200	110	105	CJ$_{26}$
GN$_{10}$—20/8000	20	8000	250	145	80	CJ$_2$
GW$_4$—35/1250	35	1250	50		20（4s）	
GW$_4$—35/2000	35	2000	80		31.5（4s）	
GW$_4$—35/2500	35	2500	100		40（4s）	
GW$_4$—110/1250	110	1250	50		20（4s）	
GW$_4$—110G/1250	110	1250	80		31.5（4s）	CS11G、
GW$_4$—110/2000	110	2000	80		31.5（4s）	CS14G
GW$_4$—110/2500	110	2500	100		40（4s）	
GW$_4$—220/1250	220	1250	80		31.5（4s）	
GW$_4$—220/2000	220	2000	100		40（4s）	
GW$_4$—220/2500	220	2500	125		50（4s）	
GW$_5$—35/630，GW$_5$—35/630D	35	630	50，80		20,31.5(4s)	
GW$_5$—35/1250	35	1250	50，80		20,31.5(4s)	
GW$_5$—35/1600	35	1600	50，80		20,31.5(4s)	
GW$_5$—110/630，GW$_5$—110/630D	110	630	50，80		20,31.5(4s)	CS17
GW$_5$—110/1250	110	1250	50，80		20,31.5(4s)	
GW$_5$—110/1600	110	1600	50，80		20,31.5(4s)	

型　　号	额定电压 （kV）	额定电流 （A）	极限通过电流（kA）		5s 热稳定 电流（kA）	操动机构 型号
			峰值	有效值		
GW₇—220/1250	220	1250	80		31.5（4s）	
GW₇—220/2500	220	2500	125		50（3s）	
GW₇—220/3150	220	3150	125		50（3s）	
GW₇—330/1600	330	1600	100		40（4s）	CJ16
GW₇—500/2500	500	2500	125		50（3s）	
GW₇—500/3150	500	3150	125		50（3s）	
GW₁₀—220/1600	220	1600	100		40（3s）	
GW₁₀—220/2500	220	2500	125		50（3s）	
GW₁₀—220/3150	220	3150	125		50（3s）	
GW₁₀—330/1600	330	1600	100		40（3s）	CJ16—1、 CJ16
GW₁₀—330/2500	330	2500	100		40（3s）	
GW₁₀—500/2500	500	2500	125		50（3s）	
GW₁₀—500/3150	500	3150	125		50（3s）	
GW₁₁—220/1600	220	1600	100		40（3s）	
GW₁₁—220/2500	220	2500	125		50（3s）	
GW₁₁—220/3150	220	3150	125		50（3s）	
GW₁₁—330/1600	330	1600	100		40（3s）	CJ16—1、 CJ16
GW₁₁—330/2500	330	2500	100		40（3s）	
GW₁₁—500/2500	500	2500	125		50（3s）	
GW₁₁—500/3150	500	3150	125		50（3s）	

附表 34　　　　　　　　压缩空气断路器技术参数

型　号	电压 （kV）	额定电流 （A）	额定开断 电流 （kA）	极限通 过电流 （kA） 峰值	热稳定电流 （kA）		合闸时间 （s）	固有分 闸时间 （s）	自动重合 闸无电流 间隔时间 （s）
					4s	5s			
KW₁	110	800 2000	21	55		21	0.3	0.06	
	220	1000	13	40		14	0.45		
KW₂①	110	1500	(21) 13	(52) 33.5	24	21.5	0.15	0.06	0.25
	220								
KW₃	110	1500	21	55		21	0.2	0.05	0.25
	220								
KW₄	110	1500 3150	26.3～35	90		35	0.15	0.04	0.25
	220								
	330								
KW₅	110	1500	26.3	67	26.3		0.15	0.04	0.25
	220								
	330								
KW₆	35	2000	20	55	21		0.06	0.03	0.25

①　括号内的额定开断电流和极限通过电流为设计参数。

附表 35　　　　　　　　　　　　　　户外少油断路器技术参数

型号	电压(kV) 额定	电压(kV) 最大	额定电流(A)	额定断开电流(kA)	断开容量(MVA) 额定	极限通过电流(kA) 最大	极限通过电流(kA) 有效	热稳定电流 1s	热稳定电流 4s	热稳定电流 5s	热稳定电流 10s	合闸时间(s)	固有分闸时间(s)	重合性能 电流休止时间(s)	重合性能 重合时(s)
SW$_2$—35	35	40.5	1000	24.8	1500	63.4	39.2		24.8			0.4	0.06		
SW$_2$—35(小车式)	35	40.5	1500	24.8	1500	63.4	39.2		24.8			0.4	0.06		
SW$_3$—35	35		600	6.6	400	17	9.8		6.6			0.12	0.06	0.5	0.12
SW$_3$—35	35		1000		1000	42			16.5			0.12	0.06		
SW$_3$—110	110	126	1200		3000	41			15.8			0.4	0.07	0.5	
SW$_4$—110	110	126	1000	18.4	3500	55	32	32	21		14.8	0.25	0.06	0.3	0.4
SW$_4$—110G	110	126	1000	15.8	3000	55	32		21			0.25	0.06		0.4
SW$_6$—110	110		1200	21	4000	55			15.8			0.2	0.04	0.3	
SW$_7$—110	110	126	1200	15.8	3000	55			21			0.07	0.04	0.5	0.2
SW$_2$—220	220	242	1000		5000	59	29					0.26	0.05		
SW$_4$—220	220	252	1000	18.4	7000	55	32	32	21		14.8	0.25	0.06	0.3	0.4
SW$_6$—220	220		1200	21	2000	55			21			0.2	0.04	0.3	
SW$_7$—220	220		1500		6000	55			21			0.15	0.04		

附表 36　　　　　　　　　　　　　　户内少油断路器技术参数

型号	额定电压(kV)	额定电流(A)	额定断开容量(MVA) 3kV	6kV	10kV	额定断开电流(kA) 3kV	6kV	10kV	极限通过电流(kA) 峰值	有效值	热稳定电流(kA) 1s	4s	5s	10s	合闸时间(s)	固有分闸时间(s)
SN$_3$—10	10	600 1000			200 350			11.6 23	52 65	37.5	20 23				0.25 0.25	0.05 0.05
SN$_9$—10	10	600 1000			250 350			14.4 20.2	36.8 52		14.4 20.2				0.2	0.05 0.07
SN$_{10}$—10	10	600 1000 1000 12500 3000			300 500 750			28.9	52 71 130	30 42	43.2 23.3		20.2 29 13.2		0.25 0.25 0.2	0.06 0.06 0.06
SN$_3$—10	10	2000 3000	300		500			29	75	43.5	43.5		30	21	0.5	0.14
SN$_4$—10G	10	5000 6000			1800			105	300	173	173		120	85	0.65	0.15
SN$_5$—20G	20	6000 8000 12000			3000 (20kV)			87 (20kV)	300	173	173		120	85	0.65	0.15

附表 37　　　　　　　　　　六氟化硫及真空断路器技术参数

型　　号	额定电压 （kV）	额定电流 （A）	额定开断电流 （kA）	极限通过电流峰值 （kA）	热稳定电流 （kA）
LW—500/2500	500	2500	40	100	40 (3s)
LW_1—220/2000	220	2000	31.5	80	31.5 (4s)
LW_1—220/2000	220	2000	40	100	40 (4s)
LW_1—220/3150	220	3150	31.5	80	31.5 (4s)
LW_1—220/2500	220	.3150	40	100	40 (4s)
LW_2—132/2500	132	2500	31.5，40	80，100	31.5，40 (4s)
LW_2—220/2500	220	2500	31.5，40，50	80，100，125	31.5，40，50 (4s)
LW—110 I /2500	110	2500	31.5	125	50 (3s)
LW_6—110 II /3150	110	3150	40	125	50 (3s)
LW_6—220/3150	220	3150	40	100	40 (3s)
LW_6—220/3150	220	3150	50	125	50 (3s)
LW_6—500/3150	500	3150	40	100	40 (3s)
LW_6—500/3150	500	3150	50	125	50 (3s)
LW_6—500RW/3150	300	3150	40	100	40 (3s)
LW_6—500RW/3150	500	3150	50	125	50 (3s)
SFM_{110}—110/2000	110	2000	31.5	80	31.5 (3s)
SFM_{110}—110/2500	110	2500	40	100	40 (3s)
SFM_{110}—110/3150	110	3150	50	125	50 (3s)
SFM_{110}—110/4000	110	4000	50	125	50 (3s)
SFM_{220}—220/2000	220	2000	40	80	40 (3s)
SFM_{220}—220/2500	220	2500	50	80	50 (3s)
SFM_{220}—220/3150	220	3150	50	100	50 (3s)
SFM_{220}—220/4000	220	4000	63	125	63 (3s)
SRM_{330}—330/2500	330	2500	40	100	40 (3s)
SFM_{330}—330/3150	330	3150	50	125	50 (3s)
SFM_{330}—330/4000	330	4000	63	160	63 (3s)
SFM_{500}—500/2500	500	2500	40	100	40 (3s)
SFM_{500}—500/3150	500	3150	50	125	50 (3s)
SFM_{500}—500/4000	500	4000	63	160	63 (3s)
$SFMT_{110}$—110/2000	110	2000	40	80	31.5 (3s)
$SFMT_{110}$—110/2500	110	2500	50	100	40 (3s)
$SFMT_{110}$—110/3150	110	3150	63	125	50 (3s)
$SFMT_{220}$—220/2000	220	2000	31.5	80	31.5 (3s)
$SFMT_{220}$—220/2500	220	2500	40	100	40 (3s)
$SFMT_{220}$—220/3150	220	3150	50	125	50 (3s)
$SMMT_{330}$—330/2500	330	2500	31.5	100	40 (3s)
$SFMT_{330}$—330/3150	330	3150	40	125	50 (3s)
$SFMT_{330}$—330/4000	330	4000	50	150	63 (3s)
$SMMT_{500}$—500/2500	500	2500	40	100	40 (3s)
$SFMT_{500}$—500/3150	500	3150	50	125	50 (3s)
$SFMT_{500}$—500/4000	500	4000	63	150	63 (3s)
ZN_4—10/1000	10	1000	17.3	44	17.3 (4s)
ZN_{12}—10/1250	10	1250	31.5	80	31.5 (3s)
ZN_{12}—10/1600	10	1600	31.5	80	31.5 (3s)
ZN_{12}—10/2000	10	2000	40	100	40 (3s)
ZN_{12}—10/2500	10	2500	31.5	80	31.5 (3s)
ZN_{12}—10/3150	10	3150	55	125	50 (3s)

附表 38　　　　　　　　　　　穿墙套管主要技术参数

型　号		额定电压 (kV)	额定电流 (A) 母线尺寸	套管长度 (mm)	机械破坏负荷 (kg)
户内	CLB—10	10	250，400，600 1000，1500	505 520	750
	CLB—35	35	250，400 600，1000，1500	980 1020	
	CLC—10	10	2000，3000	620	1250
	CLC—20	20	2000，3000	820	
	CLD—10	10	2000 3000，4000	580 620	2000
	CMD—10	10	(60×6　60×8)	480	2000
	CMD—20	20	(60×8　80×8　80×10)	720	
	CME—10	10	(60×8　80×8 80×10　100×10)	488	3000
	CMF1—20	20	6000	782	4000
	CMF2—20	20	8000 (220×210)	600	
	CNR—110	110	600	3050	
户外	CWLB—10	10	250，400，600 1000，1500	230 600	750
	CWLB—35	35	250，400 600，1000，1500	1020 1060	
	CWLC—10	10	1000，1500 2000，3000	570 650	1250
	CWLC—20	20	2000，3000	880	
	CWLD—10	10	2000，3000 4000	645 685	2000
	CMWD2—20	20	4000 (220×210)	645	2000
	CMWF2—20	20	8000 (220×210)	625	4000
	CMWF1—35	35	6000	942	
	CRL2—110	110	600，1200	3700	
	CR—220	220	600，1200	5500	
	CRQ—330	330	800	7300	

附表 39　　　　　　　　　　　穿墙套管热稳定电流

额定电流 (A)	热稳定电流 (kA) 不小于		额定电流 (A)	热稳定电流 (kA) 不小于	
	铜导体 (10s)	铝导体 (5s)		铜导体 (10s)	铝导体 (5s)
250	3.8	5.5	1500	23.0	30.0
400	7.6	7.6	2000	27.0	40.0
600	12.0	12.0	2500	29.0	—
1000	18.0	20.0	3000	31.0	60.0

附表 40 支柱绝缘子主要技术数据

型　号		额定电压 （kV）	绝缘子高度 （mm）	机械破坏负荷 （kg）
户内	ZA—10 ZA—35	10 35	160 280	375
	ZNA—10	10	125	
	ZLA—35	35	380	
	ZB—10 ZB—35	10 35	215 400	750
	ZNB—10	10	125	
	ZLB—35 ZLB—35GY	35	380 445	
	ZC—10	10	225	1250
	ZPC—35	35	400	
	ZD—10 ZD—20	10 20	235 315	2000
	ZND—10	10	16＋8	
	ZLD—10 ZLD—20	10 20	215 315	
	ZNE—20	20	203	
户外	ZPB—10	10	180	750
	ZPD—10 ZPD—35	10 35	210 400	2000
	ZS—10	10	210	500
	ZS—20	20	350	1000
	ZS—35	35	400	400
			420	600，800
			485	1000
	ZS—110	110	1060	300，400，500，800，850
			1200	1500，2000
	ZC—220	220	2100	250，400
	ZS—330	330	3200	400

附表 41　　　　　　　　　　　　电压互感器主要技术数据

型　号	额定变比	额定容量（VA）0.5级	1级	3级	最大容量（VA）
单相（屋外）JDJ—35	35000/100	150	250	600	1200
JDJJ—35	$\frac{35000}{\sqrt{3}}/\frac{100}{\sqrt{3}}/\frac{100}{\sqrt{3}}$	150	250	600	1200
JCC—60	$\frac{60000}{\sqrt{3}}/\frac{100}{\sqrt{3}}/\frac{100}{\sqrt{3}}$	—	500	1000	2000
JCC₁—110	$\frac{110000}{\sqrt{3}}/\frac{100}{\sqrt{3}}/100$	—	500	100	2000
JCC—110 / JCC₂—110	$\frac{110000}{\sqrt{3}}/\frac{100}{\sqrt{3}}/100$	—	500	1000	2000
JCC—220					2000
JCC₁—220	$\frac{220000}{\sqrt{3}}/\frac{100}{\sqrt{3}}/100$	—	500	1000	1000
JCC₂—220					2000
电容式（屋外）YDR—110	$\frac{110000}{\sqrt{3}}/\frac{100}{\sqrt{3}}/100$	150	220	440	1200
YDR—220	$\frac{220000}{\sqrt{3}}/\frac{100}{\sqrt{3}}/100$	150	220	440	1200
YDR—330	$\frac{330000}{\sqrt{3}}/\frac{100}{\sqrt{3}}/100$	150	500	1000	2000
三相（屋内）JSJW—6	3000/100/100/3	50	80	200	400
JSJW—6	6000/100/100/3	80	150	320	640
JSJW—10	10000/100/100/3	120	200	480	960
JSJW—15	13800/100/100/3	120	200	480	960
JSJW—15	15000/100/—	120	200	480	960
JSJW—15	20000/100/—	120	200	480	960
单相（屋内）JDZ—6	1000/100	30	50	100	100
JDZ—6	3000/100	30	50	100	200
JDZ—6	6000/100	50	80	220	200
JDZ—10	1000/100	80	150	300	300
JDZ—10	11000/100	80	150	300	500
JDZ—35	35000/110	150	250	500	500
JDZJ—6	$\frac{1000}{\sqrt{3}}/\frac{100}{\sqrt{3}}/\frac{100}{3}$	40	60	150	300
JDZJ—6	$\frac{3000}{\sqrt{3}}/\frac{100}{\sqrt{3}}/\frac{100}{3}$	40	60	150	300
JDZJ—6	$\frac{6000}{\sqrt{3}}/\frac{100}{\sqrt{3}}/\frac{100}{3}$	40	60	150	300
JDZJ—10	$\frac{10000}{\sqrt{3}}/\frac{100}{\sqrt{3}}/\frac{100}{3}$	40	60	150	300

附表 42　　　　　　　　　　电流互感器主要技术数据

型　号	额定电流比 （A/A）	级次组合	准确级次	二次负荷（Ω） 0.5 级	1 级	3 级	二次负荷 （Ω）	1s 热稳定倍数	动稳定倍数
LFZ1—3 LFZ1—6 LFZ1—10	5～200/5	0.5/3	0.5	0.4	0.6		0.40	90	160
	300/5							80	140
	400/5							75	130
	5～200/5		3			0.6	0.6	90	160
	300/5							80	140
	400/5							75	130
	5～200/5	1/3	1		0.4		0.4	90	160
	300/5							80	140
	400/5							75	130
	5～200/5		3			0.6	0.6	90	160
	300/5							80	140
	400/5							75	130
LFZJ1—3 LFZJ1—6 LFZJ1—10	20～400/5	0.5/3	0.5	0.8	1.2			120①	210①
			1		0.8			80②	140②
		1/3	3			1			
			D				1.2	75③	130③
LFZJD1—3 LFZJD1—6 LFZJD1—10	75～400/5	0.5/D	0.5	0.8	1.2				
			1		0.8				
		D/D	3			1			
			D				1.2		
LFZB—10	5～400/5	0.5/D	0.5	0.4				85	153
			D	0.6					
LFZJD—15	200，300/5	0.5/D		0.8				80	140

① 当电流互感器的电流为 5～200A 时。
② 当电流互感器的电流为 300A 时。
③ 当电流互感器的电流为 400A 时。
注　F—复匝贯穿式；Z—浇注绝缘；J—加大容量；D 或 B（最后一个字母）—差动保护用。

附表 43　　　　　　　　　　　**LA 系列电流互感器技术数据**

型　号	额定电流比（A/A）	级次组合	准确度	二次负荷（Ω）				10%倍数	1s热稳定倍数	动稳定倍数
				0.5级	1级	3级	D级			
LA—10	5，10，15，20/5	0.5/3 及 1/3	0.5	0.4				<10	90	160
	30，40，50，75/5		1		0.4			<10		
	100，150，200/5		3			0.6		>10		
	300～400/5	0.5/3 及 1/3	0.5	0.4				<10	75	135
			1		0.4			<10		
			3			0.6		>10		
	500/5	0.5/3 及 1/3	0.5	0.4				<10	60	110
			1		0.4			<10		
			3			0.6		>10		
	600～1000/5	0.5/3 及 1/3	0.5	0.4				<10	50	90
			1		0.4			<10		
			3			0.6		>10		
LAJ—10 LBJ—10	20，30，40，50/5		0.5	1				<10	120	215
	75，100，150/5		1		1			<10		
	200/5		D				2.4	>15		
	300/5		0.5	1				<10	100	180
			1		1			<10		
			D				2.4	>15		
	400/5		0.5	1				<10	75	135
			1		1			<10		
			D				2.4	>15		
	500/5		0.5	1				<10	60	110
			1		1			<10		
			D				2.4	>15		
	600～800/5		0.5	1				<10	50	90
			1		1			<10		
			D				2.4	>15		
	1000～1500/5		0.5	1.6				<10	50	90
			1		1.6			<10		
			D				30	>15		
	2000～6000/5		0.5	2.4				<10	50	90
			1		2.4			<10		
			D				4.0	>15		

注　A—穿墙式；B—支持式；J—加大容量；L—电流互感器；LA—浇注绝缘。

附表 44　　　　　　　　　　**LDZ1—10 型电流互感器技术参数**

型　号	额定电流比（A/A）	级次组合	准确级	二次负荷（Ω）				二次负荷（Ω）	1s热稳定倍数	动稳定倍数
				0.5级	1级	3级	D级			
LDZ1—10	600～1000/5	0.5/3	0.5	0.4	0.6			0.4		
			3			0.6		0.6		
LDZ1—10	600～1000/5	1/3	1		0.4			0.4		
			3			0.6		0.6		
LDZJ1—10	600～1500/5	0.5/3	0.5	1.2	1.6			1.2		
			3			1.2		1.2	50	90
LDZJ1—10	600～1500/5	1/3	1		1.2			1.2		
			3			1.2		1.2		
LDZJ1—10	600～1500/5	0.5/D	0.5	1.2	1.6			1.2		
			D				1.6	1.6		
LDZJ1—10	600～1500/5	D/D	D				1.6	1.6		

附表 45　　　　　　　　　**35～330kV 户外独立电流互感器技术数据**

型　号	额定电流比（A/A）	级次组合	准确级次	二次负荷（Ω）				10%倍数		1s热稳定倍数	动稳定倍数
				0.5级	1级	3级	10级	二次负荷（Ω）	倍数		
LCWDL—35	15～600/5	0.5/D	0.5	2						75	135
			D					2	15		
LCWDL—35	2×20～2×300/5	0.5/D	0.5	2						75	135
			D					2	15		
LCWDL—110 LCWDL110GY	2×50～2×600/5	0.5/D/D	0.5	2						75	135
			D					2	15		
LCWDL—220 LCWDL220GY	4×300/5	D/0.5	0.5	2						35（5s）	65
			D					2.4	15		
LQZ—35	15～600/5	D/0.5	0.5	2	4					65（5s）	100
			D		1.2	3		0.8	35		
LQZQD—35	15～600/5	D/0.5	D							90	150
			0.5	1.2	3			0.5	35		
LQZ—110	2×50～2×300/5	D/D/0.5	D					2	15	75	135
			0.5	2							
L—110	50～600/5	0.5/D/D	0.5	1.6						75	135
			D					1.6	15		
LCW—35	15～600/5	0.5/3	0.5	2	4			2	28	65	100
			3			2	4	2	5		

续表

型号	额定电流比（A/A）	级次组合	准确级次	二次负荷（Ω）				10%倍数		1s热稳定倍数	动稳定倍数
				0.5级	1级	3级	10级	二次负荷（Ω）	倍数		
LCWD—35	15～600/5	D/0.5	D		1.2	3		0.8	35	65	150
			0.5	1.2	3						
LCWQ—35	15～600/5	0.5/1	0.5	1.2	3					90	150
			1		1.2	3		1.2	30		
LCWQD—35	15～600/5	D/0.5	D		1.2	3		0.8	35	90	150
			0.5	1.2	3						
LCW—60	（20～40）～（300～600）/5	0.5/1	0.5	1.2	2.4					75	150
			1		1.2	4		1.2	15		
LCWD—60	（20～40）～（300～600）/5	D/1	D		1.2			0.8	30	75	150
			1		1.2	4		1.2	15		
LCW—110	（50～100）～（300～600）/5	0.5/1	0.5	1.2	2.4					75	150
			1		1.2	4		1.2	15		
LCWD—110	（50～100）～（300～600）/5	D/1	D		1.2			0.8	30	75	150
			1		1.2	4		1.2	15		
LCWD—110	（2×50）～（2×600）/5	D1/D2/0.5	D1					1.2	20	75	150
			D2					1.2	15		
			0.5								
LCWD—110GY	（2×50）～（2×600）/5	D1/D2/0.5	D1					1.2	20	75	130
			D2					1.2	15		
			0.5							34	60
LCWD2—110	（2×50）～（2×600）/5	0.5/D/D	0.5								
			D					2	15		
LCWD—110	2×300/1 2×600/1	D1/D2/0.5	D1					30（VA）	36	70	125
			D2					20（VA）	24		
			0.5		20（VA）						
LCW—220	4×300/5	D/D/D/0.5	D		1.2			1.2	30	60	60
			0.5		2	4		2	20		
LCLWD1—220	4×300/5	D/D/D/0.5	D		1.2			1.2	30	60	60
			0.5	2							

型　　号	额定电流比（A/A）	级次组合	准确级次	二次负荷（Ω）				10%倍数		1s热稳定倍数	动稳定倍数
				0.5级	1级	3级	10级	二次负荷（Ω）	倍数		
LCLWD2—220	2×300/5	0.5/D /D/D	0.5	20（VA）						21	38
			D					20（VA）	40		
			D					20（VA）	40		
			D					15（VA）	20		
LCLWD2—220	2×600/1	0.5/D1 /D1/D2	0.5	20（VA）						21（5s）	38
			D1					20（VA）	40		
			D2					20（VA）	20		

附表 46　　　　　　FZ 系列及 FCZ 系列避雷器的电气特性

型　　号	组合方式	额定电压（kV）	灭弧电压（kV，有效值）	工频放电电压（kV，有效值）①	预放电时间 1.5～20μs 冲击放电电压幅值（kV，不大于）	5kA 冲击电流（波形 10/20μs）下的残压幅值（kV）
FZ—3	单独元件	3	3.8	9～11	20	14.5
FZ—6	单独元件	6	7.6	16～19	30	27
FZ—10	单独元件	10	12.7	26～31	45	45
FZ—15	单独元件	15	20.5	42～52	78	67
FZ—20	单独元件	20	25	49～60.5	85	80
FZ—30J	组合元件		25	56～67	110	83
FZ—30	单独元件	30	38	80～91	116	121
FZ—35	2×FZ—15	35	41	84～104	134	134
FZ—40	2×FZ—20	40	50	98～121	154	160
FZ—60	2×FZ—20 ＋FZ—15	60	70.5	140～173	220	227
FZ—110J	4×FZ—30J	110	100	224～268	310	332
FZ—110	FZ—20＋ 5×FZ—15	110	126	254～312	375	375
FZ—154J	4×FZ—30J ＋2×FZ—15	154	141	306～372	420	466

续表

型　号	组合方式	额定电压（kV）	灭弧电压（kV，有效值）	工频放电电压（kV，有效值）[①]	预放电时间1.5～20μs冲击放电电压幅值（kV，不大于）	5kA冲击电流（波形10/20μs）下的残压幅值（kV）
FZ—154	3×FZ—20+5×FZ—15	154	177.5	352～441	500	575
FZ—220J	8×FZ—30J	220	220	448～536	630	664
FCZ—35		35	40	72～85	108	103
FCZ—110J		110	100	170～195	265	265
FCZ—110		110	126	255～290	345	332
FZ—154J		154	142	241～277	374	374
FZ—154		154	177	330～377	500	466
FCZ—220J		220	200	340～390	515	515
FCZ330J		330	290	510～580	780	740

① 电压范围均包含两端的数值。

附表 47　　　中性点非直接接地电网中保护变压器中性点绝缘的避雷器型号

变压器额定电压(kV)	35	60	110	154
避雷器型号	FZ—35 或 FZ—30（或 FZ—15+FZ—10）[①]	FZ—40	FZ—110J	FZ—154J

① 如果变压器中性点连接有绝缘较弱的消弧线圈，则可采用 FZ—15+FZ—10。

附表 48　　　中性点直接接地系统中保护变压器中性点绝缘的避雷器型号

变压器额定电压(kV)	110		220	330
变压器中性点绝缘	全绝缘	分级绝缘	分级绝缘	分级绝缘
避雷器型号	FZ—110J 或 FZ—60	—	FZ—110J	FCZ—154J 或 FZ—154J

附表 49　　　　　　　35kV 及以下交流系统氧化锌避雷器技术参数

特性参数 / 产品型号	系统标称电压（kV）	避雷器额定电压（kV）	避雷器持续运行电压（kV，大于）	直流 1mA 参考电压（kV，不小于）	冲击耐受 2ms 方波电流（A）	残压 雷电冲击电流	陡波冲击电流	操作冲击电流
						（kV，不大于）（峰值）		
Y5WZ—5/13.5	3	5	4.0	7.2	150	13.5	15.5	11.5
YH5WZ—5/13.5								
Y5WZ—10/27	6	10	8.0	14.4	150	27.0	31.0	23.0
YH5WZ—10/27								
Y5WZ—15/40.5	10	15	12.0	21.8	150	40.5	46.5	34.5
YH5WZ—15/40.5								
Y5WZ—51/134	35	51	40.8	73	150	134	154	114.0
YH5WZ—51/134								

附表 50　　　**3～220kV 配电和电站用金属氧化物避雷器技术参数（kV）**

类别	产品型号	系统标称电压	避雷器额定电压	持续运行电压	陡波冲击电流残压	雷电冲击电流残压	操作冲击电流残压
配电型	YH5WS—5/15	3	5	4.0	17.3	15.0	12.8
	YH5WS—10/30	6	10	8.0	34.6	30.0	25.6
	YH5WS—12/35.8	6	12	9.6	41.2	35.8	30.6
	YH5WS—15/45.6	10	15	12.0	52.5	45.6	39.0
电站型	YH5WZ—5/13.5	3	5	4.0	15.5	13.5	11.5
	YH5WZ—10/27	6	10	8.0	31.0	27.0	23.0
	YH5WZ—12/32.4	6	12	9.6	37.2	32.4	27.6
	YH5WZ—15/40.5	10	15	12.0	46.5	40.5	34.5
	YH5WZ—17/45	10	17	13.6	51.8	45.0	38.3
	YH5W—51/134	35	51	40.8	154.0	134.0	114.0
	YH5W—96/250	110	96	75	288	250	213
	YH5W—100/260	110	100	78	299	260	221
	YH5W—102/266	110	102	79.6	305	266	226
	YH5W—108/281	110	108	84	323	281	239
	YH10W—96/250	110	96	75	280	260	213
	YH10W—100/260	110	100	78	291	260	221
	YH10W—102/266	110	102	79.6	297	266	226

附表 51　　　**变压器中性点用金属氧化物避雷器技术参数（kV）**

产品型号	避雷器额定电压	持续运行电压	雷电冲击电流残压	操作冲击电流残压
YH1.5W—60/144	60	48	144	135
YH1.5W—72/186	72	58	186	174
YH1.5W—144/320	144	116	320	299

附表 52　　　**送电工程综合限额设计控制指标（1998 年水平）**

序　号	电压等级	导线规格	单 位 造 价（万元/km）			
			平地	丘陵	山地	高山
一	110kV					
1	双地线	LGJ—150/20	22.02	24.37	28.46	32.57
2	双地线	LGJ—185/25	23.68	25.92	32.44	37.07
3	双地线	LGJ—240/30	27.58	29.97	35.06	39.66
4	双地线	LGJ—300/25	29.29	31.97	36.12	40.75
5	纯混凝土杆	LGJ—120/20	14.75	—	—	—
6	纯混凝土杆	LGJ—150/20	15.10	—	—	—
7	纯混凝土杆	LGJ—185/25	17.78	—	—	—
8	纯混凝土杆	LGJ—240/30	20.22	—	—	—
9	单地线	LGJ—150/20	21.09	22.80	26.38	29.03
10	单地线	LGJ—185/25	23.49	25.52	31.17	35.11
11	单地线	LGJ—240/30	25.39	27.29	33.79	37.92

续表

序　号	电压等级	导线规格	单 位 造 价 （万元/km）			
			平地	丘陵	山地	高山
二	35kV					
1		LGJ—50/8	9.59	11.91	12.83	14.49
2		LGJ—70/10	10.01	12.33	12.94	15.14
3		LGJ—95/15	10.65	12.97	15.48	17.51
4		LGJ—120/20	11.53	12.23	16.40	18.54
5		LGJ—150/20	12.18	12.93	25.02	28.36
6		LGJ—185/25	18.71	21.56	25.89	29.14
7		LGJ—240/30	21.45	24.60	28.53	32.03
三	10kV					
1		LGJ—35/6	4.30	5.25	7.54	—
2		LGJ—50/8	4.61	5.56	7.95	—
3		LGJ—70/10	5.44	6.37	8.15	—
4		LGJ—95/15	6.30	7.17	9.88	—
5		LGJ—120/20	7.09	8.66	11.86	—
6		LGJ—150/30	7.69	9.13	12.34	—
7		LGJ—185/25	8.86	10.24	13.63	—
8		LGJ—240/30	10.14	11.50	14.95	—

附表 53　　110kV 变电工程限额设计综合控制指标（1998 年水平）

指标编号	项目名称	工 程 技 术 条 件	建筑工程费（万元）	设备购置费（万元）	安装工程费（万元）	其他费用（万元）	合计	单位造价（元/kVA）
		一 类 指 标						
BD—1	110kV 新建变电所 2×50MVA	110kV 户内配电工程，单母线分段，110kV 进线 2 回，组合电器（GIS）。10kV 单母线分段，10kV 进线 2 回；出线 46 回，10kV 真空手车柜。建筑为框架结构，建筑面积 1200m²	279	2131	184	226	2820	282
BD—2	110kV 新建变电所 2×50MVA	110kV 户外配电工程，半高型布置，110kV 进线 4 回，SF₆ 断路器，软母线，单母线分段，10kV 户内配电装置，进线 2 回，出线 40 回，单母线分段，真空手车开关柜。建筑为砖混结构，建筑面积 600m²	229	1545	172	240	2185	218
BD—3	110kV 新建变电所 2×31.5MVA	110kV 户内配电工程，单母线分段，110kV 进线 2 回，组合电器（GIS）。10kV 单母线分段，进线 2 回，出线 34 回，真空手车柜。建筑为框架结构，建筑面积 1100m²	259	1720	172	193	2344	372
BD—4	110kV 新建变电所 2×31.5MVA	110kV 户外配电装置，半高型布置，110kV 进线 2 回，SF₆ 断路器，管型母线，单母线分段。10kV 户内配电装置，进线 2 回，出线 26 回，单母线分段，真空手车开关柜。建筑为砖混结构，建筑面积 550m²	219	1144	165	208	1737	276

续表

指标编号	项目名称	工程技术条件	建筑工程费（万元）	设备购置费（万元）	安装工程费（万元）	其他费用（万元）	合计	单位造价（元/kVA）
BD—5	110kV新建变电所2×20MVA	110kV 户内配电工程，单母线分段，110kV 进线 2 回，组合电器（GIS）。10kV 单母线分段，进线 2 回，出线 24 回，真空手车柜。建筑为框架结构，建筑面积 1000m²	239	1513	164	168	2084	521
BD—6	110kV新建变电所2×20MVA	110kV 户外配电装置，半高型布置，110kV 进线 2 回，SF₆ 断路器，软母线，单母线分段。10kV 户内配电装置，进线 2 回，出线 18 回，单母线分段，真空手车开关柜。建筑为砖混结构，建筑面积 500m²	209	916	148	182	1460	364
		二 类 指 标						
BD—7	110kV新建变电所2×50MVA	110kV 户外配电装置，半高型布置，110kV 进出线各 4 回，SF₆ 断路器，软母线，单母线分段。10kV 户内配电装置，进线 2 回，出线 40 回，单母线分段，真空手车开关柜。建筑为砖混结构，建筑面积 600m²	229	1545	172	189	2134	213
BD—8	110kV新建变电所2×31.5MVA	110kV 户外配电装置，半高型布置，110kV 进线 2 回，SF₆ 断路器，软母线，单母线分段。10kV 户内配电装置，进线 2 回，出线 26 回，单母线分段，真空手车开关柜。建筑为砖混结构，建筑面积 550m²	219	1144	165	157	1686	268
BD—9	110kV新建变电所2×31.5MVA	110kV 户外配电装置，半高型布置，110kV 进出线各 4 回，SF₆ 断路器，软母线，单母线分段。35kV 户内配电装置，进线 2 回，出线 4 回，单母线分段，选用 YJN1—35 真空手车柜。10kV 户内配电装置，进线 2 回，出线 15 回，单母线分段，真空手车落地柜。建筑为砖混结构，建筑面积 650m²	217	1243	161	161	1782	283
BD—10	110kV新建变电所2×20MVA	110kV 户外配电装置，半高型布置，110kV 进出线各 2 回，SF₆ 断路器，软母线，单母线分段。10kV 户内配电装置，进线 2 回，出线 18 回，单母线分段，真空手车开关柜。建筑为砖混结构，建筑面积 500m²	209	916	148	131	1404	351
BD—11	110kV新建变电所2×20MVA	110kV 户外配电装置，半高型布置，110kV 进出线 4 回，SF₆ 断路器，软母线，单母线分段。35kV 户内配电装置，进线 2 回，出线 4 回，单母线分段，选用 YJN1—35 真空手车柜。10kV 户内配电装置，进线 2 回，出线 14 回，单母线分段，真空手车落地柜。建筑为砖混结构，建筑面积 600m²	215	1054	141	137	1547	387
		三 类 指 标						
BD—12	110kV新建变电所2×31.5MVA	110kV 户外配电装置，半高型布置，110kV 进出线 4 回，SF₆ 断路器，软母线，单母线分段。35kV 户外配电装置，半高型布置，进线 2 回，出线 4 回，单母线，SF₆ 断路器。10kV 户内配电装置，进线 2 回，出线 14 回，单母线分段，选用 XGN2 高压成套固定柜。建筑为砖混结构，建筑面积 550m²	243	1157	181	155	1739	276

指标编号	项目名称	工 程 技 术 条 件	建筑工程费（万元）	设备购置费（万元）	安装工程费（万元）	其他费用（万元）	合计（万元）	单位造价（元/kVA）
BD—13	110kV 新建变电所 2×20MVA	110kV 户外配电装置，半高型布置，110kV 进出线各 4 回，SF₆ 断路器，单母线分段。35kV 户外配电装置，半高型布置，进线 2 回，出线 4 回，单母线分段，SF₆ 断路器。10kV 户内配电装置，进线 2 回，出线 14 回，单母线分段，选用 XGN2 固定柜。建筑为砖混结构，建筑面积 500m²	233	970	156	130	1490	372
BD—14	110kV 新建变电所 2×10MVA	110kV 户外配电装置，半高型布置，110kV 进线 2 回，最终 4 回，SF₆ 断路器，单母线分段。35kV 户外配电装置，半高型布置，进线 2 回，出线 4 回，单母线分段，SF₆ 断路器。10kV 户内配电装置，进线 2 回，出线 6 回，单母线分段，选用 XGN2 固定柜。建筑为砖混结构，建筑面积 500m²	226	792	140	112	1270	635

附表 54   变电单项限额设计综合控制指标（1998 年水平）（万元）

指标编号	项 目 名 称	工 程 技 术 条 件	建筑工程费	设备购置费	安装工程费	合 计
BD—36	10kV 户内配电装置	10kV 扩建户内间隔一个 10kV 手车真空开关柜		8.5	0.6	9.1
BD—37	10kV 户内配电装置	10kVXGN2—10 成套固定柜		6.9	0.6	7.5
BD—38	35kV 户外配电装置	35kV 扩建户外间隔一个 SF₆ 断路器 LW8—135	4.3	12.7	1.8	18.8
BD—39	35kV 户内配电装置	35kV 扩建户内间隔一个 SF₆ 成套开关柜		13.3	0.6	13.9
BD—40	110kV 户内配电装置	110kV 扩建户内间隔一个 组合电器（GIS）		120.0	2.6	122.6
BD—41	110kV 户外配电装置	单母线 110kV 扩建户外间隔一个 SF₆ 断路器 LW25—126 40kVA	9.6	45.0	3.5	58.1

附表 55   变电所主要设备价格表

序 号	设 备 名 称 及 规 范	单 位	招标价（万元）	备 注
1	三相双圈有载调压变压器 SFZ9—50000kVA/110kV±8×1.25%/11kV，U_k=10.5%	台	244.7	招标价上浮 5%
2	三相双圈有载调压变压器 SFZ9—31500kVA/110kV±8×1.25%/11kV，U_k=10.5%	台	141.8	招标价上浮 5%
3	三相双圈有载调压变压器 SFZ9—20000kVA/110kV±8×1.25%/11kV，U_k=10.5%	台	100.8	招标价上浮 5%

续表

序　号	设 备 名 称 及 规 范	单 位	招标价（万元）	备　注
4	三相三圈有载调压变压器 SFZ9—31500kVA/110kV/35kV/10kV	台	180	招标价上浮5%
5	三相三圈有载调压变压器 SFZ9—20000kVA/110kV/35kV/10kV	台	126	招标价上浮5%
6	三相三圈有载调压变压器 SFZ9—10000kVA/110kV/35kV/10kV	台	96.5	
7	三相双圈节能变压器 S_9—5000kVA/35kV/10kV	台	25.5	招标价上浮5%
8	三相双圈节能变压器 S_9—3150kVA/35kV/10kV	台	19.5	招标价上浮5%
9	三相双圈节能变压器 S_9—1000kVA/10kV	台	7.4	招标价上浮5%
10	三相双圈节能变压器 S_9—500kVA/10kV	台	4.7	招标价上浮5%
11	三相双圈节能变压器 S_9—250kVA/10kV	台	2.9	招标价上浮5%
12	全封闭110kV组合电器（GIS）	间隔	105.4	招标价上浮5%
13	SF_6 断路器 LW25—126 40kVA	台	23.6	
14	SF_6 断路器 LW8—35/1600	台	8.1	
15	电压互感器 JCC6—110 0.2级	台	2	
16	电流互感器 LCQB6—110	台	5	

附表56　110/10kV 变电所二类指标典型设计综合投资参考数据（1998年水平）

变电所容量（kVA）	综合投资（万元）	变电所容量（kVA）	综合投资（万元）	变电所容量（kVA）	综合投资（万元）
2×50000	2134	2×20000	1404	2×10000	850
2×31500	1686	2×16000	1206	2×8000	712
2×25000	1575	2×12500	1015	2×6300	593

参 考 文 献

1　陈珩．电力系统稳态分析．北京：水利电力出版社，1985
2　李光琦．电力系统暂态分析．北京：水利电力出版社，1985
3　王新学．电力网及电力系统（第三版）．北京：中国电力出版社，1992
4　陈亚明．电力系统计算程序及其实现．北京：水利电力出版社，1995
5　王淑云等．数值分析方法．南京：河海大学出版社，1996
6　薛定宇．科学运算语言 MATLAB5.3 程序设计与应用．北京：清华大学出版社，2000
7　范锡普．发电厂电气部分．北京：水利电力出版社，1995
8　于长顺．发电厂电气设备．北京：水利电力出版社，1989
9　电力工业部电力规划设计总院．电力系统设计手册．北京：中国电力出版社，1998
10　黄纯华．发电厂电气部分课程设计参考资料．北京：水利电力出版社
11　曹绳敏．电力系统课程设计及毕业设计参考资料．北京：水利电力出版社，1995
12　山西省电力公司．发供电企业总工必读．北京：中国电力出版社，2002.6
13　水利电力部西北电力设计院．电力工程电气设计手册．北京：水利电力出版社，1989
14　陈章潮，唐德光．城市电网规划和改造．北京：中国电力出版社，1998